工业和信息化普通高等教育
“十三五”规划教材立项项目

高等院校“十三五”
网络与新媒体系列教材

短视频
编辑与制作

王武林◎主编
王晓翠 章慧云 孙莹月◎编著

Short Video
Editing and Production

人民邮电出版社
北京

图书在版编目（CIP）数据

短视频编辑与制作 ：微课版 / 王武林主编 ；王晓翠，章慧云，孙莹月编著. -- 北京 ：人民邮电出版社，2021.9（2024.1重印）
高等院校“十三五”网络与新媒体系列教材
ISBN 978-7-115-56507-5

Ⅰ. ①短… Ⅱ. ①王… ②王… ③章… ④孙… Ⅲ. ①视频制作－高等学校－教材 Ⅳ. ①TN948.4

中国版本图书馆CIP数据核字(2021)第085978号

内 容 提 要

本书结合短视频平台与短视频制作工具，详细介绍了短视频编辑与制作的各种实用技能，内容包括全面认识短视频、短视频内容的策划与定位、短视频的构图方法、短视频的拍摄准备与技巧、抖音短视频的拍摄与特效应用、使用剪映编辑与制作短视频、计算机端短视频后期制作等。

本书内容新颖，实操性强，既适合作为高等院校网络与新媒体、市场营销、电子商务等相关专业的教材，也可供各行各业的新媒体运营人员和对短视频编辑与制作感兴趣的读者阅读。

◆ 主　　编　王武林
编　　著　王晓翠　章慧云　孙莹月
责任编辑　王　迎
责任印制　李　东　胡　南

◆ 人民邮电出版社出版发行　　北京市丰台区成寿寺路 11 号
邮编　100164　　电子邮件　315@ptpress.com.cn
网址　https://www.ptpress.com.cn
临西县阅读时光印刷有限公司印刷

◆ 开本：700×1000　1/16
印张：11.25　　2021 年 9 月第 1 版
字数：213 千字　　2024 年 1 月河北第 7 次印刷

定价：59.80 元

读者服务热线：(010)81055256　印装质量热线：(010)81055316
反盗版热线：(010)81055315
广告经营许可证：京东市监广登字 20170147 号

PREFACE

前　言

党的二十大报告提出“加快建设国家战略人才力量，努力培养造就更多大师、战略科学家、一流科技领军人才和创新团队、青年科技人才、卓越工程师、大国工匠、高技能人才”，为推动我国科教及人才事业的发展、构建人才培养体系指明了基本方向。

任何爆款互联网产品的出现，都是因为赶上了时代风口。微博、微信“收割”了移动互联网的初期红利。近年来，短视频平台强势崛起，用户规模超速增长，聚集成庞大的“流量高地”，带动的不仅是个人，还有很多企业。如今，越来越多的企业瞄准了短视频这块“大蛋糕”，短视频流量红利对企业来说无疑是一次弯道超车的机会。短视频发展得太快了，以至于与短视频相关的很多图书还未出版就已经跟不上它发展的脚步了。企业对短视频人才的需求越来越大，高等院校急需兼具系统性与实战性的短视频编辑与制作教材，以便让读者更切实地掌握短视频编辑与制作的实战技巧。

1. 本书主要内容

本书作为一本短视频编辑与制作的指导书，深入讲解了短视频编辑与制作的技巧。本书共7章，具体内容包括：全面认识短视频、短视频内容的策划与定位、短视频的构图方法、短视频的拍摄准备与技巧、抖音短视频的拍摄与特效应用、使用剪映编辑与制作短视频、计算机端短视频后期制作。

2. 本书特色

- **立足实际应用**。二十大报告指出：实施科教兴国战略，强化现代化建设人才支撑。本书内容从短视频的构图方法到短视频的拍摄准备与技巧，从移动端短视频的编辑与制作到计算机端短视频的后期制作，培养既懂理论，又善于实践的短视频编辑与制作人才，全面体现了以实际应用为主的特色。

● **图解教学**。本书采用图解的形式，一步一图，帮助读者在实操过程中更直观、更清晰地掌握短视频的制作方法和技巧。

● **适用范围广**。编者奋战在新媒体营销领域多年，拥有独到的、丰富的经验，不管读者处于什么年龄阶段、基础如何，只要想玩转短视频，都可以在本书的指导下实现自己的愿望。

● **超值赠送**。为了配合教学，本书还赠送了教学PPT、教学大纲、电子教案、课后习题答案等。

本书由王武林主编，王晓翠、章慧云、孙莹月编著。另外，特别感谢浙江传媒学院的研究生王雅梦同学在主编的指导下进行了全书的微课录制工作。

由于编者水平有限，书中难免有疏漏之处，恳请广大读者批评指正。

编者

CONTENTS

目　录

第1章

全面认识短视频

学习目标

- 了解短视频
- 熟悉短视频的类型
- 熟悉短视频的发展
- 熟悉常见的短视频平台
- 熟悉短视频编辑与制作的常用工具
- 熟悉短视频编辑与制作的基本流程

近年来，由于信息量大、分享便捷，短视频越来越吸引互联网用户，正成为新的营销风口。本章讲述短视频的基础知识，包括短视频的定义及特点、短视频的优势、短视频的类型、短视频的发展、常见的短视频平台、短视频编辑与制作的常用工具、短视频编辑与制作的基本流程。

1.1 短视频概述

1-1 短视频概述

短视频给予了每个创作者非常大的发挥空间。什么是短视频？短视频的特点是什么？短视频有哪些优势？下面将逐一介绍。

1.1.1 短视频的定义及特点

短视频是一种视频长度以秒计算，并且主要依托移动智能终端实现快速拍摄和编辑，可在社交媒体平台上实时分享的一种新型视频形式。不同于文字、音频等单一的内容形式，短视频融合了文字、语音和视频，使用户接收的内容更加生动、立体。

短视频是对社交媒体现有主要内容形式（文字、图片）的一种有益补充。同时，优质的短视频内容亦可借助社交媒体的渠道优势实现快速传播。当下，短视频是深受互联网用户喜爱的内容形态。与纯文字文本相比，短视频更加生动形象，包含的信息量更大，用户观看短视频花费的精力更少。

市场上的短视频 App 多达上百个，常见的有抖音、快手、西瓜视频、腾讯微视等，如图 1-1 所示。

图1-1 常见的短视频App

1.1.2 短视频的优势

不少企业已经意识到短视频是提升品牌知名度的最佳方式之一。因此，越来越多的企业开始使用短视频这种媒介形式开展市场营销活动。短视频有哪些优势呢？

1. 短视频是大脑更喜欢的“语言”

研究数据表明，大脑处理视频的速度比处理纯文字的速度快很多倍。从人的本能来说，比起图片和文字，短视频内容更具视觉冲击力，它将声音、动作、表情融于一体，可以让用户更真切地产生共鸣。因此，在生活节奏越来越快的当今社会，短视频这种碎片化的资讯获取方式和社交方式越来越受到人们的欢迎。

2．互动性强

短视频发布者可以和用户产生互动，每个用户都可以对短视频点赞、转发、评论。用户在评论区向发布者发出评论，发布者可即时做出回答，当用户看到自己的评论被回复时，评论的积极性自然就提高了。

提示

随着各大互联网巨头纷纷部署短视频行业，各类短视频 App 涌入市场，短视频竞争已进入白热化阶段。短视频平台想要实现可持续发展，就必须为用户提供大量优质的短视频。

3．能有效推广品牌

短视频可以轻松地推广品牌，向用户传递品牌和产品信息。短视频的内容是多样化的，可以是人，也可以是画面、场景、情节等，这使用户对产品广告的接受程度更高，从而愿意对产品广告本身进行二次传播。图 1-2 所示为“三只松鼠”利用抖音推广品牌。

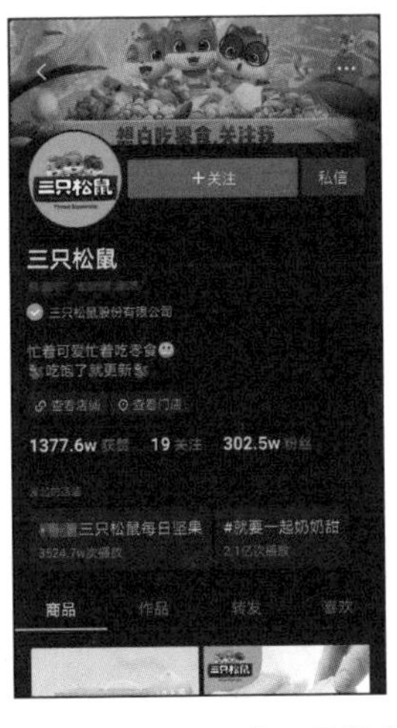

图1–2 “三只松鼠”利用抖音推广品牌

1.2 短视频的类型

目前各大平台上的短视频类型多种多样，下面从短视频渠道类型和短视频创作类型两个角度来介绍不同类型的短视频。

1.2.1　短视频渠道类型

1-2　短视频的类型

短视频渠道就是短视频的流通线路。按照平台特点和属性，短视频可以分为 5 种渠道，分别是资讯客户端渠道、在线视频渠道、短视频渠道、媒体社交渠道和垂直类渠道，具体如表 1-1 所示。

表 1-1　短视频渠道

渠道	举例
资讯客户端渠道	今日头条、百家号、企鹅媒体平台、网易号媒体开放平台、一点资讯等
在线视频渠道	大鱼号、搜狐视频、爱奇艺、腾讯视频、第一视频、爆米花视频等
短视频渠道	抖音、快手、微视、火山小视频、西瓜视频等
媒体社交渠道	微博、微信、QQ 空间等
垂直类渠道	淘宝、京东、蘑菇街、礼物说等

1.2.2　短视频创作类型

按照创作方式，短视频可以分为 UGC、PGC 和 PUGC 3 种类型。

UGC，全称为 User Generated Content，指用户创作内容。此处的“用户”专指普通用户，即非专业个人生产者。UGC 如果运营得好，不仅能节省很多内容产出成本，而且能使内容更接近用户群体，引起用户群体的共鸣。UGC 具有产出数量大、内容质量参差不齐、商业价值不高的特点。

PGC，全称为 Professional Generated Content，指专业创作内容。PGC 通常独立于短视频平台，旨在为用户提供更权威的内容，以吸引更广泛的潜在用户的关注。

PUGC，全称为 Professional User Generated Content，指专业用户创作内容。专业用户指拥有粉丝基础的“网红”，或者拥有某一领域专业知识的意见领袖。其优势在于既具有 UGC 的广度，又能通过 PGC 产生的专业化的内容更好地吸引、沉淀用户。

1.3　短视频的发展

1-3　短视频的发展

短视频可以记录事件发生时的画面及声音，做到全方位地再现场景，使用户能够与他人进行实时的社交分享，给用户带来了很多发展机遇。

1.3.1　短视频的发展特点

短视频是继文字、图片、传统视频之后兴起的又一互联网内容传播形式。近两年，随着移动互联网的普及，短视频以较低的技术门槛，以及便捷的创作和分享方式迅速获得了用户青睐。短视频具有以下发展特点。

1. 短视频用户加速增长

据《中国互联网发展状况统计报告》，截至 2020 年 12 月，我国网络视频用户（含短视频）规模达到 9.27 亿，占网民整体的 93.7%，较 2020 年 3 月增长 1 亿。以抖音为代表的短视频平台异军突起，其日活跃用户多达 7 亿，在网络视频用户中的占比接近 91%。

2. 短视频竞争越来越激烈

越来越多的视频制作团队开始加入短视频创作者的行列，短视频竞争越来越激烈，这就需要短视频创作者不断学习新的技能，提升团队的创新能力，创作更多优质的内容。

3. 短视频商业变现能力不断提升

短视频能够链接多元场景，在商业变现方面显现出强大的能力。有数据显示，近 60% 的用户因为观看短视频而产生了消费行为。短视频商业变现途径多元，广告定制、打赏、直播带货等为主要途径。

4. 短视频内容越来越垂直化

用户对垂直细分领域的优质内容会产生更大的需求，内容生产行业将随之出现一批垂直领域的短视频平台。其定位的用户群体更加精准，用户具有相同特点或共同兴趣，短视频平台在精准营销方面将更具商业价值。短视频平台必须保证有价值的优质内容能够持续涌现，使垂直化的内容成为平台的核心竞争力。图 1-3 所示的某摄影短视频账号发布的短视频就是垂直化的短视频内容。

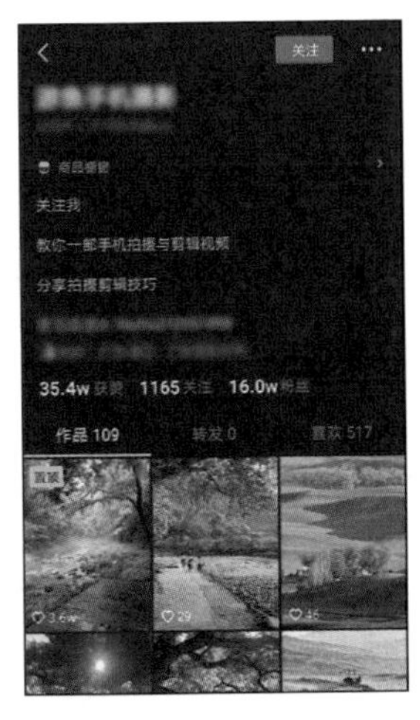

图1-3　某摄影短视频账号发布的垂直化内容

1.3.2 未来短视频的发展方向

短视频的火热让更多资本流入短视频领域，短视频拥有广阔的发展前景。未来短视频的发展方向如下。

1．内容优质化

当短视频的流量红利逐渐减少时，原创、优质的内容便成为短视频平台关注的重点。未来的短视频制作要精良、内容要优质，这样才能吸引更多的用户观看。

2．内容垂直化趋势凸显

目前占据短视频内容较大份额的是搞笑类、才艺类等题材的短视频，这种泛娱乐化的内容往往趋同，热度正在消退，而新内容将不断向垂直化方向发展。专注于美妆、美食、旅游等垂直领域的内容的稀缺性正在凸显，部分门槛较高的垂直细分领域的内容更易获得用户的青睐。

内容垂直化不失为使小型短视频平台发展壮大的好方法，这类平台可以瞄准细分市场、寻找差异化定位，只针对某个或者某几个领域的目标用户，如成为专门提供旅行攻略或教育信息的短视频平台等。

3．个性化推荐

随着短视频数量的增加，短视频平台将面对更加细分的用户群体，精准的个性化推荐将承担更重要的角色。个性化主要分为兴趣个性化和地域个性化，前者利用大数据和机器学习，精准计算用户兴趣并进行短视频内容推送；后者凭借地缘特点打动受众的情感心智。在个性化的时代，垂直内容能够被更精准地推荐给潜在用户。

4．转换模式

目前，短视频的商业化探索仍集中于广告植入、电商流量方面，有一定的局限性。未来短视频平台过度依赖广告生存的局面将发生改变，对于一些经济附加值高的短视频内容，短视频平台可以采取内容付费的模式，并结合智能移动终端的定位系统和场景识别功能进行端口接入。

5．人工智能与用户的情景互动

随着人工智能的发展，目前虚拟主播已经出现，未来短视频或许也可以引入虚拟主播，基于人工智能与大量用户互动并进行大数据分析，从而实现人工智能与用户的情景互动。

6．融合发展

现在各大互联网平台都在打造自己的生态系统，直播、电商、社交、资讯等领域纷纷将短视频作为内容的展现方式。短视频＋直播、短视频＋电商、短视频＋社交、短视频＋资讯等创新移动App不断涌现，“短视频＋”模式加速渗透、全面铺开。

1.3.3　短视频发展面临的问题

近几年短视频发展迅速，但是在其发展过程中仍面临一些不容忽视的问题。

1．内容同质化严重

短视频平台因其低门槛特质，吸引了一大批创作者，由此产生了大量雷同的内容。优质内容欠缺、内容同质化是目前短视频面临的最大挑战。一个短视频创作话题火起来之后，就会有很多内容创作者争相模仿。长此以往，同质化的短视频在平台上不断传播，造成用户审美疲劳，用户观看短视频时的满意度就会大大降低。

2．低质内容影响负面

许多用户利用短视频打发空闲时间、娱乐消遣、缓解精神压力，这发挥了短视频的娱乐功能。然而，部分用户在短视频平台上形成浅层的思维方式后，他们将没有动力去接受和思考更深层次的短视频，认知仅停留于较浅的层面上，久而久之就会产生思维惰性，独立思考的能力也会逐渐下降。

短视频创作者要在激烈的竞争环境中生存下来，就必须秉持生产优质内容的理念，准确定位平台用户，大力创新内容。短视频平台要加强把关，取精去糙，把握好价值取向。

1.4　常见的短视频平台

经过激烈的市场竞争和行业的大浪淘沙，目前抖音和快手已经成为短视频行业的双巨头。除了抖音和快手之外，各大互联网巨头也推出了多款短视频App。下面介绍几个常见的短视频平台：抖音、快手、西瓜视频、腾讯微视、好看视频。

1.4.1　抖音

抖音是一款可拍摄短视频的音乐创意短视频社交软件，是一个专为年轻人打造的音乐短视频社区。抖音上线之初，其口号是“记录美好生活”，如图1-4所示。在这个平台上，“抖友”（抖音用户的昵称）通过选择音乐、拍摄短视频来完成自己的作品。抖音还集成了镜头、特效、剪辑等功能，以尽量减少因为需要对短视频进行后期处理而导致的流量转移。

抖音于 2016 年 9 月上线，之后不断改善用户体验，增加新的功能，抓住时下热点，让“抖友”始终保持新鲜感。同时也诞生了一批抖音“达人”，这些“达人”不仅给抖音提供了各类丰富多彩的内容，也因为抖音改变了自己的生活。

图1-4　抖音广告语

抖音首页功能大致包括直播、同城、关注、推荐、拍摄、朋友、消息等部分，如图 1-5 所示。用户点击右侧表示“点赞”“评论”或“分享”的图标，即可进行相应的操作。从首页来看，进入抖音后平台会自动开始播放短视频，点击短视频界面则可以暂停播放，向上滑动屏幕可以查看更多的短视频内容。

图1-5　抖音首页功能

抖音会根据算法给每一个短视频分配一个流量池，之后，抖音根据短视频在这个流量池里的表现，决定是否把它推送给更多用户。抖音采用中心化的分发逻辑，对于推送给所有用户的短视频，都是从小流量池开始推荐，接着选取流量较大的短视频，为其分配更大的流量池，最后再把平台最优质的内容推荐到首页。这种基于内容质量的分发逻辑很容易产生头部效应，因为名人拥有大量的粉丝，自身的短视频质量也比较好，所以用户看到的往往是他们创作的短视频。

1.4.2 快手

快手最初是一款处理图片和视频的工具，后来转型为一个短视频社区。快手强调人人平等，是一个面向所有普通用户的平台。

快手的官网页面如图 1-6 所示。快手的定位为“记录世界记录你”，其开屏页面的文案是“拥抱每一种生活”。快手的产品定位更为普惠化，鼓励每一个用户都用快手记录和展示自己的生活。快手去中心化的分发逻辑使每个用户都有平等的曝光机会，因此快手在早期迅速获得了四、五线城市和农村用户的青睐。但是近年来，快手通过一系列的运营和迭代，逐渐进行品牌升级，越来越多的一、二线城市和高学历用户开始使用快手。

图1-6 快手的官网页面

快手的起步比抖音要早得多，快手的发展历程大致如下。

2011 年 3 月，快手诞生，当时叫“GIF 快手”，是一款用来制作、分享 GIF 图片的工具应用。

2012 年 11 月，GIF 快手转型，从纯粹的工具应用转型为一个短视频社区，成为用户记录和分享生活的平台。

2013 年 10 月，GIF 快手确定平台的短视频社交属性。经过 1 年多的努力，GIF 快手在短视频社交领域大步前进，彻底摆脱了工具化的制约，在用户量和用户活跃时长上都得到了大幅提升。

2014 年 11 月，GIF 快手正式改名为“快手”，以一个含义更广阔的名字重新出发。

2015 年 6 月，快手的用户总数突破 1 亿，单日用户上传视频量突破 260 万。

2016 年 4 月，快手的用户总数突破 3 亿，成为全民生活分享平台。

2018 年 6 月，快手全资收购 A 站（AcFun），在资金、资源、技术等方面给予 A 站大力支持。

2020 年 3 月，快手的日活跃用户超过 3 亿，月活跃用户接近 5 亿。

快手首页功能可以分为 4 个模块，分别是同城、关注、发现、拍摄，如图 1-7 所示。快手采用去中心化的分发逻辑，对短视频的推荐比较分散，争取让普通用户的短视频也有更多被看见的机会。去中心化的分发逻辑的优势在于可以显著提高普通用户的创作积极性，同时也能加强创作者和粉丝之间的联系。

图1–7　快手首页功能

1.4.3　西瓜视频

西瓜视频是北京字节跳动科技有限公司（简称字节跳动）旗下的个性化推荐短视频平台，流量较大。西瓜视频通过人工智能帮助每个用户找到自己喜欢的短视频，源源不断地为不同的用户群体提供优质内容；同时鼓励多样化创作，帮助用户轻松地在平台上分享作品（短视频的长度一般在 3 分钟左右）。西瓜视频的发展历程大致如下。

2016 年 5 月，西瓜视频的前身头条视频正式上线。

2016 年 9 月 20 日，头条视频宣布投入 10 亿元扶持短视频创作者。

2017 年 6 月，头条视频正式升级为西瓜视频，用户数量突破 1 亿。

2017 年 11 月，西瓜视频用户数量突破 2 亿。

2018 年 4 月，西瓜视频用户数量突破 3.5 亿。

2018 年 10 月，西瓜视频推出全新品牌视觉形象，发布“万花筒计划”和“风车计划”，鼓励优质内容创作。

2019 年 12 月，西瓜视频联合今日头条、抖音推出全民互动知识直播答题活动“头号英雄”。

2020 年 1 月，《囧妈》全网免费独播，属历史首次春节档电影在线首播。

图 1-8 所示为西瓜视频 PC 端首页，左侧是视频分类导航，右侧是展示的视频。西瓜视频已经购买了很多电视剧、电影的版权，从原来的横屏视频平台逐渐过渡到一个综合性的视频平台，意在吸引更多的用户。西瓜视频目前相对于其他短视频平台的优势是几乎没有广告，点击短视频后会直接播放内容。

图1–8　西瓜视频PC端首页

图 1-9 所示为今日头条下的西瓜视频页面，图 1-10 所示为西瓜视频 App 首页。

图1–9　今日头条下的西瓜视频页面

图1–10　西瓜视频App首页

抖音和西瓜视频虽然都是字节跳动旗下的短视频软件，但两者实际上是有一定区别的，抖音争夺的是竖屏市场，西瓜视频争夺的是横屏市场。

横屏视频和竖屏视频的最大不同是内容源不同。横屏视频的内容源通常是数码摄像机和摄像机，竖屏视频的内容源通常是手机自带相机。后者意味着大量新增的原创、简单的短视频，而前者则面向人类拥有视频形式以来所有集锦，已有优质精选的视频内容大都通过横屏展现，各类电影、电视剧、综艺等内容均在此列。

西瓜视频的内容是横屏展示的，如图 1-11 所示。这种方式更适合较长时间的视频播放，比如影视片段、剧集。横屏视频更符合人的观影习惯，有丰富的空间层次感、纵深感，可以表现复杂的人物关系；而竖屏视频中的人物关系往往相对简单，更适合以直播式、沉浸式的生活化镜头展现。

图1–11　西瓜视频横屏展示

创作者为西瓜视频提供内容，同时获得收入分成。广告主为西瓜视频提供资金，同时获得流量。西瓜视频注重平台内容生态建设：一方面，西瓜视频打造了一整套培训体系，帮助创作者快速在西瓜视频的平台上成为专业的生产者；另一方面，西瓜视频推出“3+X”变现计划，通过平台分成升级、边看边买和直播等方式帮助创作者实现商业变现。其中，平台分成升级是指创作者能从粉丝的播放中获得非常高的分成收入。边看边买指为创作者提供电商功能，通过在短视频中插入与短视频内容有关的商品卡片，创作者可以自营商品或者与电商平台分成，从而获得收益。最后，西瓜视频上线直播功能，鼓励创作者与粉丝沟通交流，创作者可以借此获得更丰厚的收益回报。

1.4.4　腾讯微视

腾讯微视是腾讯推出的一款有趣的短视频分享社区软件，用户可通过 QQ、微信账号登录，将拍摄的短视频同步分享给微信好友或分享到微信朋友圈、QQ 空间，也可以观看其他人分享的有趣短视频。腾讯微视的首页功能有关注、推荐、频道、消息、拍摄等，如图 1-12 所示。

图1-12 腾讯微视的首页功能

腾讯微视的发展历程大致如下。

2013 年 10 月，腾讯微视在移动端上线。因为产品定位不清晰、功能不够强、用户体验差等因素，腾讯微视并没有什么起色，最终被边缘化。

2015 年，腾讯将腾讯微视作为一个板块并入了腾讯视频。

2018 年春节，腾讯微视通过 QQ 走运红包发放腾讯微视礼包，新增数百万用户。

2018 年 4 月，腾讯微视迎来重大更新，推出三大首创功能——视频跟拍、歌词字幕、一键美型，并打通 QQ 音乐千万正版曲库，进行全面的品牌及产品升级。

2019 年 1 月，腾讯微视在春节期间推出视频红包的创新玩法，从 2019 年 2 月 4 日（除夕）00:00 至 2 月 5 日（大年初一）24:00，共有 7809 万个视频红包在微信、QQ 和腾讯微视里被领取。

2019 年 2 月，腾讯微视上线测试个人视频红包玩法，用户可以通过腾讯微视制作视频红包，并且分享到微信和 QQ，邀请好友领取，如图 1-13 所示。

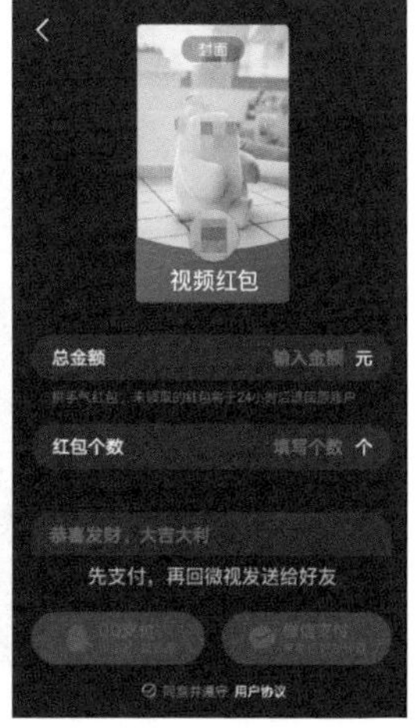

图1-13 通过腾讯微视制作视频红包

2019 年 4 月，腾讯微视上线新版本，推出“创造营助力”“解锁技能”等全新模板。用户可通过腾讯微视的模板制作互动短视频，并通过微信、QQ 等社交平台分享给好友，好友可直接在微信、QQ 里浏览该互动短视频，并进行互动操作。

2019 年 6 月，腾讯微视开启了 30 秒朋友圈视频能力内测。用户在“发布视频”界面打开“同步到朋友圈（最长可发布 30 秒短视频）”，即可将最长 30 秒的短视频同步到朋友圈，如图 1-14 所示。

图1-14　通过腾讯微视将最长30秒的短视频同步到朋友圈

腾讯对腾讯微视的扶持力度非常大，腾讯生态里的所有游戏、动漫、影视、综艺都为腾讯微视提供内容支持。依靠微信和QQ，腾讯将用户引流到腾讯微视上。作为社交行业巨头，腾讯拥有庞大的年轻用户基数，而短视频的受众以年轻人为主，因此，腾讯微视在分享渠道上具有天然的优势。腾讯微视把微信和 QQ 等作为分享渠道，将优质的内容输送到微信朋友圈、QQ 空间等（如图 1-15 ～图 1-17 所示），在扩大自身影响力的同时，更容易将社交平台中的流量引流到自己的平台上。

图1-15　腾讯微视的分享渠道

图1-16　分享到微信朋友圈

图1-17　分享到QQ空间

1.4.5 好看视频

好看视频是百度旗下一个为用户提供海量优质短视频内容的专业聚合平台。图1-18所示为好看视频的PC端首页，顶部是视频分类导航，包括推荐、影视、音乐、VLOG、游戏、搞笑、综艺、娱乐、动漫、生活、广场舞、美食、宠物等。好看视频通过百度智能推荐算法深度了解用户的兴趣喜好，为用户推荐适宜的短视频内容。

图1-18 好看视频的PC端首页

2017年11月，好看视频正式发布，之后发展势头强劲，成为短视频领域的一匹“黑马”。好看视频致力于打造让用户探索世界、提升自我以及获得幸福快乐的综合视频平台，努力成为一个“让人成长的短视频平台”。

在内容方面，好看视频走的是一条差异化的路线，以提供知识型、充满正能量的内容为主。好看视频瞄准了短视频细分垂直领域，更加注重对内容的“精耕细作”。

好看视频还制订了一系列针对创作者的升级扶持计划，通过流量加持、现金补贴等多种形式对创作者进行支持，吸引了一大批优质的内容合作方共建优质内容生态。

无论是从内容的广度、深度、品质还是影响力方面来看，好看视频均已初具规模，可以确保用户在平台上一键获取细分垂直领域的优质短视频内容。

图1-19 好看视频App首页

图1-19所示为好看视频App首页，顶部是视

频分类导航，中间是短视频内容，底部功能包括刷新、关注、直播、未登录等。

1.5 短视频编辑与制作的常用工具

编辑与制作短视频时，一款好用的短视频编辑与制作工具往往能在很大程度上提高我们的工作效率和提升短视频的质量。下面介绍一些短视频编辑与制作的常用工具，包括 Photoshop、剪映、爱剪辑、Adobe Captivate、快剪辑、会声会影、Premiere 等。

1. Photoshop

Photoshop 是当前典型的图像处理软件，因强大的功能和友好的工作界面而深受广大用户的喜爱。Photoshop 的专长在于图像处理，而图像处理是对已有的图像进行编辑加工以及运用的过程。另外，利用 Photoshop 还可以设计制作出特效文字、短视频封面图片、广告宣传图等。

Photoshop 提供了一个可让用户充分表现自我的设计空间，让用户在操作方便的同时提高工作效率。Photoshop 的工作界面是编辑、处理图像的操作平台，它主要由菜单栏、工具选项栏、工具箱、文档窗口、面板组等组成，如图 1-20 所示。

图1-20　Photoshop的工作界面

2. 剪映

剪映是一款视频编辑工具，用户使用剪映能够轻松对短视频进行各种编辑和制作，包括卡点、特效制作、倒放、变速等。用户还可以通过剪映，直接将剪辑好的短视频发布至抖音，非常方便。图 1-21 所示为剪映界面。

剪映的特色如下。

（1）专业风格滤镜，让短视频不再单调。
（2）精致好看的贴纸和字体，给短视频增加乐趣。
（3）抖音独家曲库，海量音乐让短视频更“声”动。
（4）分割、变速、倒放等功能简单易学，帮助用户记录每个精彩瞬间。

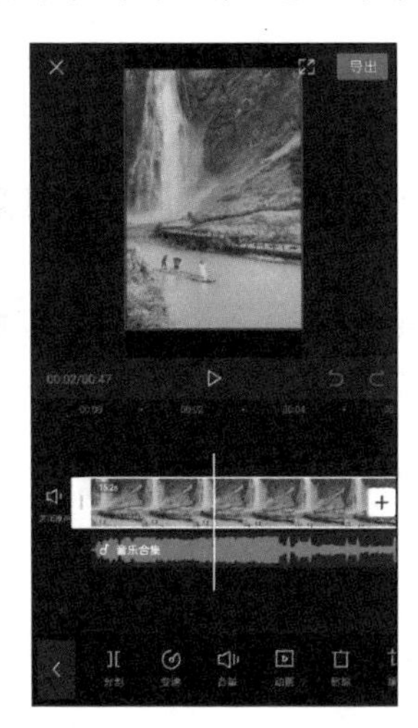

图1–21 剪映界面

3. 爱剪辑

爱剪辑是一款实用的视频剪辑软件，支持为短视频加字幕、调色、添加相框等功能，操作简单快捷。爱剪辑人性化的界面令用户无须花费大量的时间学习就能够快速上手剪辑短视频，且爱剪辑较快的启动速度、运行速度也使用户剪辑短视频更加得心应手。爱剪辑能帮助所有用户进行创作，哪怕是零基础用户也能较容易地自由剪辑短视频，创作与分享作品。图 1-22 所示为爱剪辑界面，进入“画面风格”页面后，可以看到左侧有“画面”“美化”“滤镜”“动景”等选项。

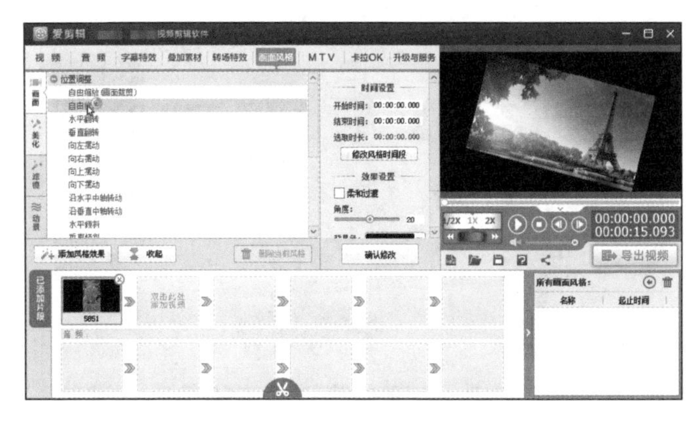

图1–22 爱剪辑界面

4．Adobe Captivate

Adobe Captivate 是 Adobe 公司出品的一款专业的屏幕录制软件，它可以轻松创建诸如应用程序模拟模型、产品演示、拖放模块以及软技能和培训内容，实现 Flash 格式的内容交互。该软件操作简单，任何不具备编程知识或多媒体技能的用户，都能够快速创建功能强大的软件演示和培训内容。图 1-23 所示为 Adobe Captivate 界面。

图1–23　Adobe Captivate界面

用户可以方便地使用 Adobe Captivate 进行录制和配音、视频的剪辑、添加字幕和水印、制作视频封面、视频压缩等操作。Adobe Captivate 广泛应用于录制网上教学视频，如图 1-24 所示。

图1–24　使用Adobe Captivate录制网上教学视频

5. 快剪辑

快剪辑是北京奇虎科技有限公司推出的一款视频剪辑软件，非常方便，还可以为剪辑好的视频添加特效字幕、水印签名等多种效果。

图 1-25 所示为快剪辑界面，在视频下方可进行编辑、删除、编辑声音等操作。单击编辑视频的图标，可以对视频进行各种编辑，如动画、裁剪以及添加特效字幕、贴图、标记、马赛克、二维码等，如图 1-26 所示。

图1-25 快剪辑界面

图1-26 对视频进行各种编辑

6. 会声会影

会声会影是一款智能、快速、简单的视频剪辑软件。会声会影的灵活性和易用性成就了与众不同的视频剪辑体验，备受入门级用户和高级用户的青睐。会声会影有丰富的视频剪辑功能，可以帮助用户轻松剪辑出想要的视频。

使用会声会影剪辑视频非常简单，插入视频后就可以对视频进行各种操作了，如图 1-27 所示。

图1-27　使用会声会影剪辑视频

会声会影为用户提供了多种滤镜，用户在剪辑视频时，可以将滤镜应用到视频中，这样不仅可以弱化视频的瑕疵，还可以令视频产生绚丽的视觉效果，使制作出的视频更具表现力。

7. Premiere

Premiere 是 Adobe 公司推出的一款视频、音频编辑软件，提供了采集、剪辑、调色、美化音频、字幕设计、输出、DVD 刻录等一整套流程，深受广大视频、音频制作爱好者的喜爱。Premiere 作为功能强大的多媒体视频、音频编辑软件，被广泛地应用于电视节目制作、广告制作及电影剪辑等领域，取得的效果令人非常满意，足以协助用户更加高效地工作。图 1-28 所示为使用 Premiere 编辑视频。

使用 Premiere 能做哪些事情？

（1）剪辑视频，把一段视频或多段视频修剪、拼接成一段完整的视频；也可以剪下电影的一个片段，或把一部电影剪辑成只有几分钟的视频。

（2）为视频添加各种字幕，如对白字幕、贴图文字。

（3）简单地抠像，如抠纯色绿幕背景，抠简短、简单的动作。

（4）给视频调色，修改、替换颜色和色相饱和度，突出颜色、亮度等。

（5）调节画面的平面运动，如调节画面的移动、远近、旋转、翻转、透明度、关键帧运动、画面多镜头表现等。

（6）添加各种效果，如画面的模糊、羽化、镂空、叠加、扭曲图像、花式转场等。

图1–28　使用Premiere编辑视频

1.6 短视频编辑与制作的基本流程

现在越来越多的个人和团队进入短视频编辑与制作领域，那么短视频编辑与制作的基本流程是怎样的呢？

1．明确选题方向

在拍摄短视频之前，首先要明确选题方向，一般从自己擅长的领域入手。如果没有明确的方向，短视频就难以吸引用户。

2．确定表现形式

为了能够更深层次地诠释短视频的内容，将短视频的主题表达得更清楚，在拍摄短视频时需要进行周密的策划，确定短视频的表现形式。现在比较常见的短视频的表现形式有吐槽式、解说式、演绎式、实操式等。

3．撰写脚本

脚本相当于短视频的主线，侧重于表现故事脉络的整体方向，为短视频的内容及观点奠定基础。想要制作出别具一格的短视频，脚本的撰写不可忽视。

脚本的内容应尽可能丰富完整，但又要化繁为简，为拍摄提供便利。撰写脚本不要局限于条条框框，而应该丰富短视频的拍摄细节、创作思路、人物对话、场景等内容，将一切需要的内容保留下来，那些不可控的、多余的内容则可以删除。这样不但节省时间和精力，还更容易让短视频取得好的效果。

4. 拍摄

撰写完脚本就进入了短视频制作最重要的环节——拍摄。拍摄前应注意做好准备工作，准备好拍摄的器材、相关道具，布置好场景。

短视频的拍摄除了对画面构成、光影色彩的把控、短视频的清晰度等有一定的要求以外，还对摄影师的审美有一定要求。

5. 剪辑

短视频拍摄完成后，接下来就是剪辑工作了。在剪辑短视频的时候，剪辑师应注重对画面的合理搭配，以及对特效和背景音乐的合理使用。

剪辑其实是一个二次创作的过程，这就意味着剪辑师不仅需要理解摄影师想要表达什么，同时还需要充分了解受众想看什么。一个好的剪辑师在剪辑短视频的过程中必须要抓住受众的“痛点”，运用剪辑技巧在最短的时间内抓住受众的眼球。

6. 视频的发布和运营

短视频制作完成之后，就要进行发布和运营了。在发布阶段，创作者要做的工作主要包括选择合适的发布渠道、监控发布渠道的短视频数据和优化发布渠道。短视频发布完成后，创作者要想脱颖而出，还必须做好运营工作。短视频的运营不是一朝一夕的事情，必须做出合理的规划才能确保方向无误。优质的短视频必须明确目标受众，确定用户的需求，找到合适的短视频展现形式，并能够不断地找到优秀的选题。只有做好这些工作，短视频才能在较短的时间内打入新媒体营销市场，迅速地吸引受众，进而提高创作者知名度。

课后习题 ↓

一、填空题

1. 短视频不同于文字、音频等单一的内容形式，融合了 ________、________ 和 ________，使用户接收的内容显得更加立体。

2. 按照平台特点和属性，短视频可以分为5种渠道，分别是___________、___________、___________、___________、___________。

3. 常见的短视频平台，包括___________、___________、___________、___________、___________等。

4. 短视频编辑与制作的常用工具，包括___________、___________、___________、___________、___________、___________、___________等。

二、思考题

1. 短视频有哪些优势?
2. 短视频有哪些常见的类型?
3. 短视频编辑与制作的基本流程是怎样的?

三、实训操作题

下载、安装快剪辑并熟悉其基本操作，具体任务如下。

1. 下载、安装快剪辑，打开软件熟悉其界面。
2. 使用快剪辑进行编辑、删除、编辑声音的基本操作。
3. 练习裁剪视频文件以及添加特效字幕、贴图、标记、二维码、马赛克等操作。

第2章

短视频内容的策划与定位

学习目标

- 了解短视频内容策划原则
- 分析用户、明确需求
- 熟悉策划优质内容的方法
- 掌握热门短视频内容策划
- 熟悉短视频内容定位原则

短视频制作的重要一步就是内容的策划与定位。只有做好内容策划，再加上清晰、准确的定位，才能在制作短视频时做到有的放矢，这对于后续的短视频推广也能起到事半功倍的作用。随着短视频市场不断成熟，用户喜欢的是有品质的真实内容和有内涵的原创内容，总之，只有满足用户需求的内容才有价值。

2.1 短视频内容策划原则

2-1 短视频内容策划原则

对于很多短视频创作者来说，策划内容是一件很苦恼的事情，因为不知道什么样的内容受用户的欢迎。不管短视频的内容是什么，策划时都要遵循一定的原则，并将此原则落实到短视频的创作中。短视频内容策划有以下几个原则。

1. 站在用户的角度

我们拍短视频一般不是为了自娱自乐，最终目的是吸引用户观看。所以短视频的内容不能脱离用户，满足用户的需求是很重要的。短视频创作者在策划内容时，要优先考虑用户的喜好和需求，这样才能够最大限度地获得用户的认可，获得更多的播放量。

2. 内容要垂直

确定某一内容领域后就不要轻易更换，否则会由于短视频账号的垂直度不够而导致用户定位不精准。因此，短视频创作者要立足于某一个专业领域，专心服务于目标用户，这样才能有立足之地。

如某美妆博主就凭借口红试色收获不少粉丝，其粉丝数量目前已超千万。对于口红等彩妆广告来说，把使用效果呈现给用户是非常直接有效的方法，而当广告从图文载体转移到视频时，说服力就更强了。

3. 内容要有价值

有价值的短视频内容才能得到用户的认可。当短视频创作者输出的短视频内容对用户来说有价值，满足了他们的需求，就能激发用户点赞、评论或转发，从而实现短视频的裂变传播。

4. 内容与账号定位相匹配

短视频平台的推荐机制，决定了平台是根据短视频的标签定位进行推荐的，所以内容与账号定位相匹配，不仅可以提升短视频创作者在相关领域的影响力，而且能够吸引到精准的用户，增强用户的黏性。

5. 内容要结合行业或网络热点

短视频创作者要提升新闻敏感度，善于捕捉并及时跟进行业或网络热点，这样制作出来的短视频往往可以在短时间内获得大量的流量曝光，快速增加短视频的播放量，吸引用户关注。但是，并不是所有的热点都可以跟进，如果跟进不恰当的热点，就有违规甚至被封号的风险。

6. 远离敏感词汇

现在发布短视频的人越来越多，而网络也不是法外之地，无论是相关部门还是短视频平台，对短视频的监管都越来越严格，所以很多敏感词汇千万不能触碰。每个短视频平台都对敏感词汇做出了规定，短视频创作者应多关注平台的动态，多看看平台官方发布的相关管理规范，以防因为触碰敏感词汇而导致违规。

2.2 分析用户、明确需求

2-2 分析用户、明确需求

除了做好内容策划，短视频创作者还需要对用户进行分析。首先明确目标用户，简单来说就是明确拍摄的短视频是给谁看的；然后找到用户到底需要什么，最想看到什么，挖掘用户的痛点，掌握用户的真实需求，这样才能拍摄出受欢迎的短视频。

2.2.1 分析用户需求

只有真正尊重用户，真正掌握用户需求，才能获得用户的认可，改进或者颠覆传统的技术和产品。做引流运营也是如此，互联网时代“用户需求驱动”的理念应该刻入每个人的基因。

发现用户需求只是起点，还要进一步对“需求”和“用户”进行聚焦，甄别出“真实需求”和“粉丝用户”。“真实需求”是要确定用户真正的需求是什么，而“粉丝用户”则是要找到对需求最敏感的用户。用户的需求可以分为以下 4 种。

（1）基础需求，指用户生活中的基本需求。短视频如果不能满足基础需求，其传播影响就是负面的。

（2）期望需求，用户期望得到满足的需求，如期望手机可以用来玩游戏。

（3）兴奋需求，短视频特点鲜明、内容实用，引起用户的兴趣和情绪共鸣。满足这种需求极易为短视频带来正向的口碑。

（4）无差异需求，主要是指用户的满意度与需求实现程度不相关，即无论短视频能否满足此需求，用户的满意度都不会改变，因为用户根本不在意。

2.2.2 明确用户画像

短视频用户以“90 后”“00 后”为主，这意味着短视频用户是当下我国的主流消费人群。短视频已经植入人们全天候的移动生活当中，短视频用户的黏性越来越强。据统计，用户单次观看短视频时长的均值为 29.4 分钟，每天观看短视频的平均时长为 65.9 分钟。

不同的短视频账号针对的目标受众是不同的，这就需要进行用户画像。短视频创作者要分析出自己品牌或 IP 的受众群体，锁定目标用户群，提炼其主要需求。

以抖音为例，观看演绎、生活、美食类短视频的用户较多，而观看情感、文化、影视类短视频的用户增长较快。从不同角度看，男性对汽车、游戏、科技类短视频偏好度较高，女性对美妆、服饰类短视频偏好度较高；“00 后”对电子产品、时尚类短视频偏好度较高，“80 后”对母婴、美食类短视频偏好度较高。

图 2-1 所示为 2019 年中国短视频产品用户使用动机。

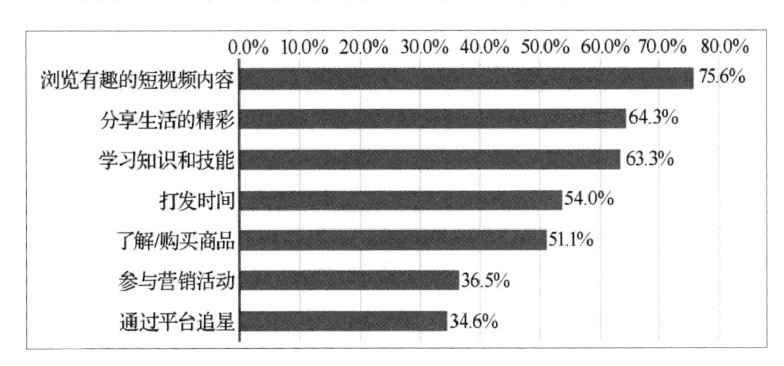

图2-1 2019年中国短视频产品用户使用动机

要想打造热门的短视频，就要在短视频的内容选择上有针对性地迎合目标用户群的需求，更快、更有效地吸引他们的目光，提升短视频的点赞量和播放量。通过进行用户画像，短视频创作者能够更好地了解用户偏好，挖掘用户需求，从而锁定目标用户群，实现精准定位。

卡思数据网站是国内视频全网大数据开放平台，为短视频创作者及广告主提供全方位、多维度的数据分析、用户画像、榜单解读、行业研究等服务。

下面以美妆短视频为例，介绍如何通过卡思数据网站分析竞品账号数据，以获取用户的静态数据，具体操作步骤如下。

（1）打开卡思数据网站，登录到抖音版，单击“找达人”进入“达人搜索”界面，即可看到不同维度的搜索类型。可以按照“达人标签”搜索，还可以按照粉丝数、达人属性、数据范围、粉丝属性等搜索，如图 2-2 所示。

（2）经过筛选，可以选择与自身账号所属领域相同的账号，单击账号进入主页后会看到四大数据分类——数据概览、粉丝画像、作品列表、带货分析，如图 2-3 所示，然后单击“粉丝画像”。

（3）在“粉丝画像”界面可以查看用户的静态数据，如性别分布、年龄分布等，如图 2-4 所示。

（4）再选取几个与自己账号所属领域相同的账号，统计数据以后进行归类，基本上就可以确定该美妆类账号用户画像的静态数据，如年龄、性别、省份、活跃时间等。

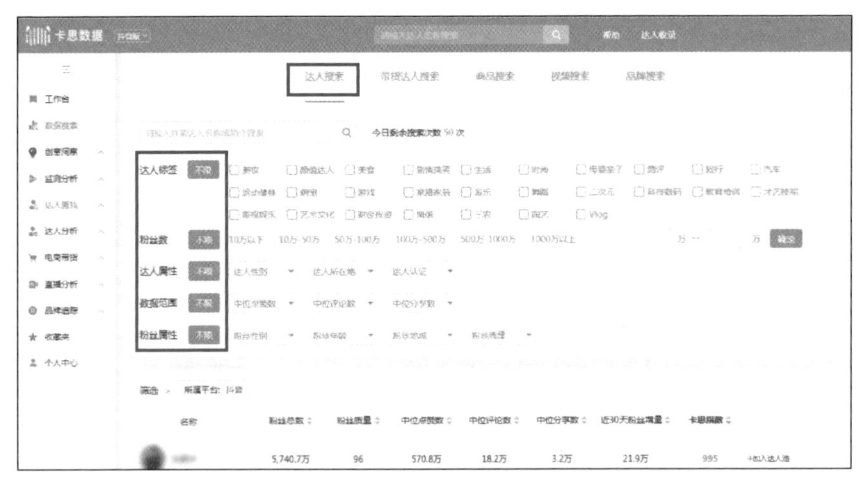

图2-2　卡思数据“达人搜索”界面

图2-3　四大数据分类

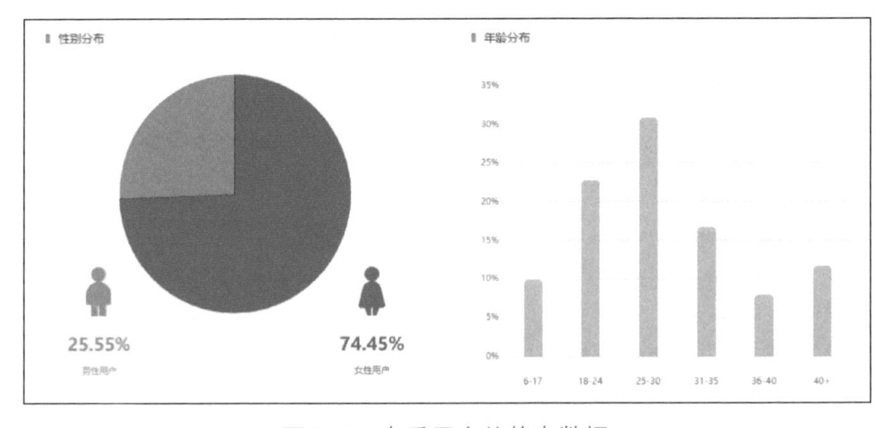

图2-4　查看用户的静态数据

2.2.3 挖掘用户痛点

痛点是指用户未被满足的、急需解决的需求。短视频的内容只有戳中了用户的痛点，才具有吸引力和说服力。但是想要戳中用户的痛点不是那么容易的，很多短视频创作者就是因为没有找准用户的痛点，弄错了用户的真正需求，才导致短视频运营效果不理想。因此，进行短视频策划时要先挖掘用户的痛点，这可以按照以下 3 个维度进行。

1. 深度

短视频的深度是用户的本质需求，具有延展性，我们在创作短视频时需要多问几个为什么，多去想想有没有更多的可能性。比如手机刚开始出现的时候，用户对其最本质的需求就是打电话，后来手机又陆续新增了发送短信、彩信、播放音乐和拍照等功能。现在，手机已经成了智能移动终端，用手机社交、打车、购物等成为用户的深度需求。

2. 垂直度

垂直度是指将用户的痛点进行细分再细分。如果把短视频市场比作一块蛋糕，细分就是市场中的切割思维，切割的方式有很多种，可以横着切，也可以竖着切。

在同类型、同领域的短视频账号多如牛毛的情况下，很多早期发展起来的账号已经占据了绝对优势，成为行业翘楚，刚刚入门的新手可能很难从中抢占一席之地。怎么办？这时候最有效的办法就是垂直细分后再细分，从中找出特定的目标用户群，根据其特点和需求，创作出具有吸引力的内容，吸引用户。例如，舞蹈是一个大的垂直领域，它有街舞、爵士、拉丁舞等细分领域。图 2-5 所示为某街舞抖音账号发布的短视频就属于细分领域。

图2-5 某街舞抖音账号发布的短视频

细分可以按地域来分，如“美食在成都”“美食在深圳”；也可以按兴趣、生活场景、知识单元来分，如瑜伽是垂直类，那么亲子瑜伽就是垂直细分，周末亲子瑜伽就是重度垂直细分。

3．强度

强度是指用户解决痛点的急切程度。如果能够找到用户的高强度需求，那么短视频受欢迎的概率就很大。用户的需求有多大，未来的市场空间就有多大。什么样的需求是用户的高强度需求呢？就是用户主动寻找解决途径、宁愿花钱也要解决的需求。短视频创作者要及时发现这些需求，给用户反馈的渠道，或者在短视频评论区仔细分析用户评论，从中寻找出急需要解决的需求。

图 2-6 所示为某物理老师的抖音主页，其粉丝超过 100 万。这位老师一边教中学物理，一边用有趣的方法做科普短视频，深度剖析了物理中的一些实验以及常见的物理现象，唤起用户对物理的热爱，让更多的用户获得了高质量的免费教育资源，满足了他们学习物理知识的需求。

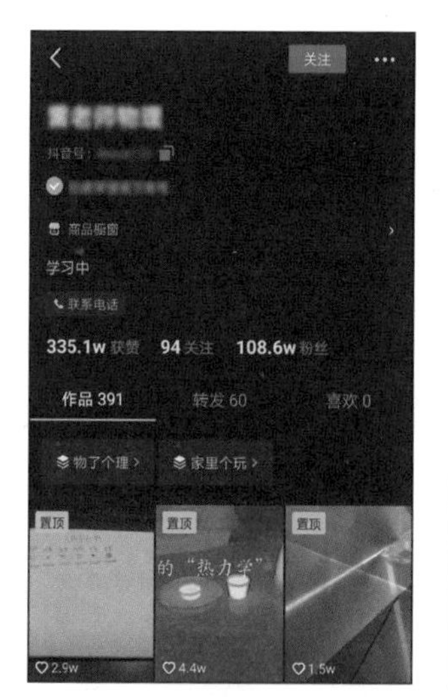

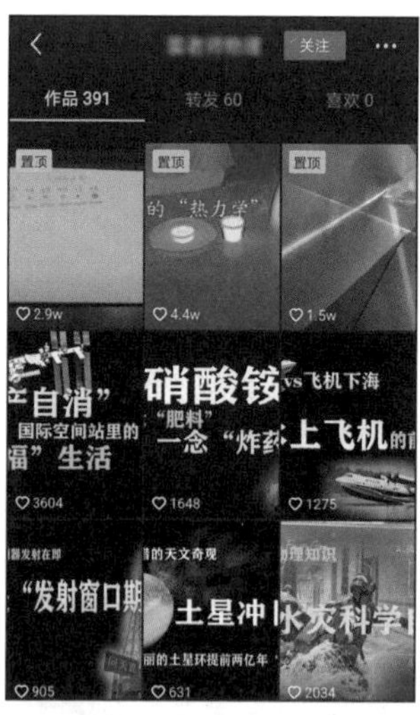

图2-6　某物理老师的抖音主页

2.3　策划优质内容的方法

2-3　策划优质内容的方法

随着短视频数量的增多，用户的品位越来越高，因此优质的内容才是短视频吸引用户的核心因素。

2.3.1　优质内容的特质

做短视频运营的人都很羡慕那些优质的短视频，那到底什么样的短视频才算优质呢？要判断短视频内容优质与否，主要通过以下 6 个特质来判断。

1. 鲜明的人设

鲜明的人设是短视频给用户留下深刻印象的关键因素，它能使用户在刷到该账号的短视频时，就知道该账号分享的是什么类型的内容。账号有自己鲜明的人设，是吸引精准用户并留住用户的关键。

2. 独特的创意

短视频内容的创意性是影响用户是否选择观看的一大关键因素。创意性因素占比较高的通常为生活小技巧、文化艺术等类型的短视频。图 2-7 所示为分享创意的抖音账号主页。

3. 知识性

用户对知识性内容的需求度较高，不管是传授科普类知识还是专业类知识，短视频创作者只要能让用户通过短视频内容获取价值，就能吸引用户关注。

图 2-8 所示为某教学抖音账号主页，创作者将专业、晦涩的 Photoshop 使用技巧通过生动有趣的短视频进行解析，简单易学，知识性和实操性强，对需要用到 Photoshop 的用户来说相当有价值。

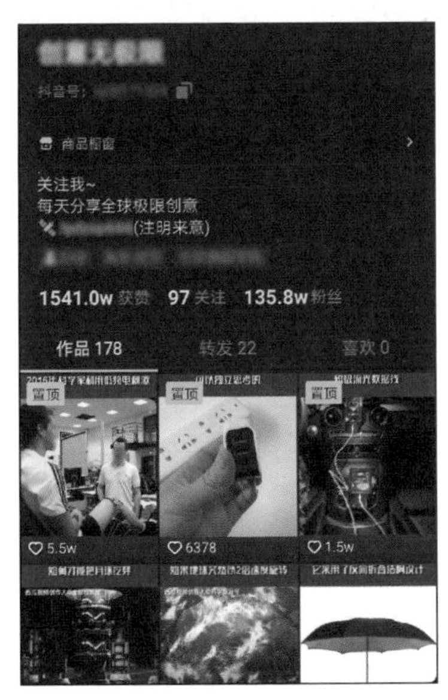

图2-7 分享创意的抖音账号主页

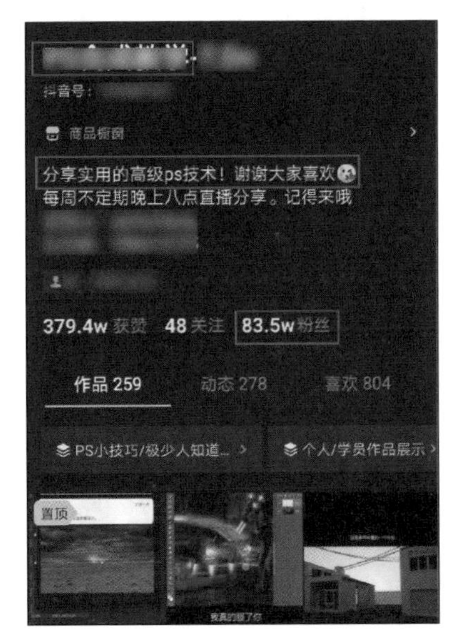

图2-8 某教学抖音账号主页

4. 娱乐性

娱乐性已经成为现代传媒的基本功能之一，很多短视频内容都以娱乐的形式展现，以求带给人们趣味性的、放松的、愉悦的感官享受。有关数据显示，观看短视频的用户中，有85%倾向于观看有趣的内容。那些能吸引用户的短视频大都有一个不可忽视的特质，就是具有娱乐性。

图2-9所示为娱乐性抖音账号主页，创作者将日常生活中的小事通过娱乐、搞笑的形式展现出来，直抵用户内心，触动用户心灵。

5. 情感性

不论是微信刚刚兴起的时候，还是短视频平台刚刚崛起的时候，情感性的内容一直都是热门的话题，图2-10所示为情感性抖音账号主页。情感性的短视频能引发用户的情感共鸣，折射出社会现象，其内容由浅入深、由小及大、层层递进，能瞬间抓住用户的痛点，赢得用户的支持与信任。

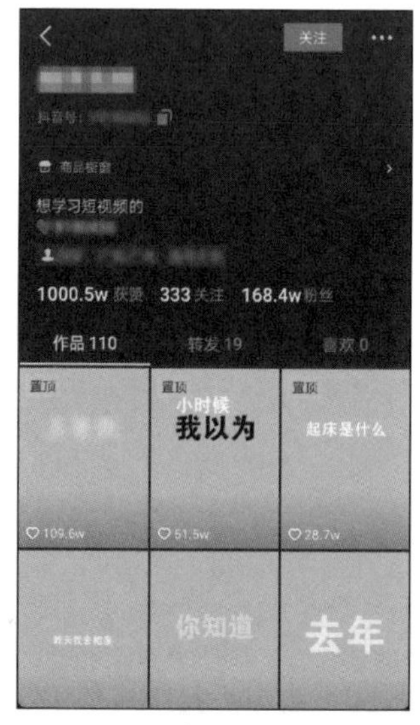

图2-9 娱乐性抖音账号主页

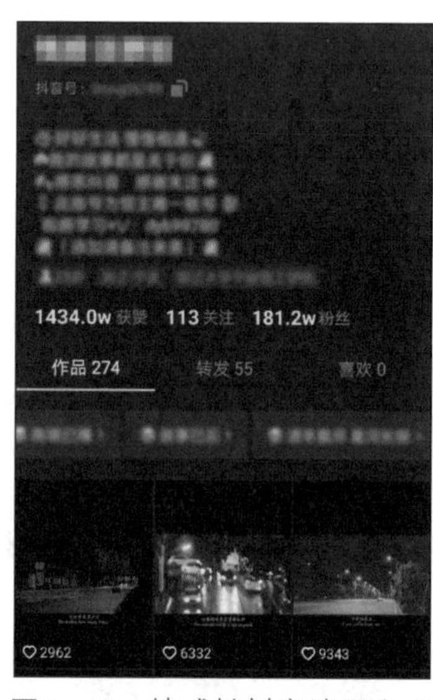

图2-10 情感性抖音账号主页

6. 时间短

短视频的时长一般控制在1分钟以内。在这个大前提下，我们需要做的就是让自己的视频尽量简短，避免过于冗长而让用户心生反感，甚至直接取消观看。

2.3.2 内容的深度垂直

调查报告显示，深度垂直正成为短视频内容生产的趋势，用户更愿为专业化、垂直化的内容“买单”。优质的垂直领域创作者能够专心做好内容，借助现成的平台发展，从而获得商业利益。一些垂直领域的内容创作者虽然没有强大的粉丝基础，但他们可以结合社群进行变现，且往往业绩惊人。例如，某抖音账号的粉丝并不多，但该账号利用短视频售卖课程，竟然产生了几千个订单。

那么如何做垂直领域呢？

1．聚焦某类用户群

做垂直领域最常见的方法是聚焦某类用户群，利用直击该类用户群痛点的内容吸引他们，再通过符合其特质的内容和调性增强用户黏性。例如，“育儿妈妈帮”针对的是年轻妈妈群体，“新疆旅游”面向的是爱好去新疆旅游的群体。

2．聚焦某类主题场景

根据短视频用户的主题场景进行纵深挖掘，在内容表达上突出场景化，与相应的用户进行深度对话。例如，“户外旅行”主打的是旅游主题场景，“健身之家”主打的是健身主题场景。

3．聚焦某类生活方式

短视频除了要塑造品牌形象外，还要打造一种让用户愿意践行的生活方式。例如，很多年轻人会说：“若我不在咖啡店，那我就在去咖啡店的路上。”他认为喝咖啡是一种生活方式，那品牌也应该打造这样一种理想的生活方式，将产品嵌入其中，做垂直化的视频。

2.3.3 寻找热点内容

追热点是新媒体运营者常用的手法。热点拥有天然的流量，当短视频与热点相结合时，其宣传效果能得到大幅度的提升，并借助热点吸引一波流量。流量时代，结合热点策划内容是短视频获得高流量曝光的一大重要途径。那么，短视频如何追热点？想要追热点，对于运营者来说首先要快速、准确地寻找到热点内容。从哪里寻找热点呢？具体有以下 5 种途径。

1．抖音热点榜

抖音的搜索框下有一个热点榜，榜上的内容是官方推荐的，如图 2-11 所示。点击“查看完整热点榜”即可看到完整的热点榜单，如图 2-12 所示。通常，短视频话题与热点词汇要吻合，短视频标题文案要紧扣热点词汇。

2．抖音人气榜单

抖音有品牌热 DOU 榜（如图 2-13 所示）和明星爱 DOU 榜（如图 2-14 所示）。这些人气榜单分别代表了用户积极参与评论的内容、用户喜欢观看的短视频以及非官方的热门话题。

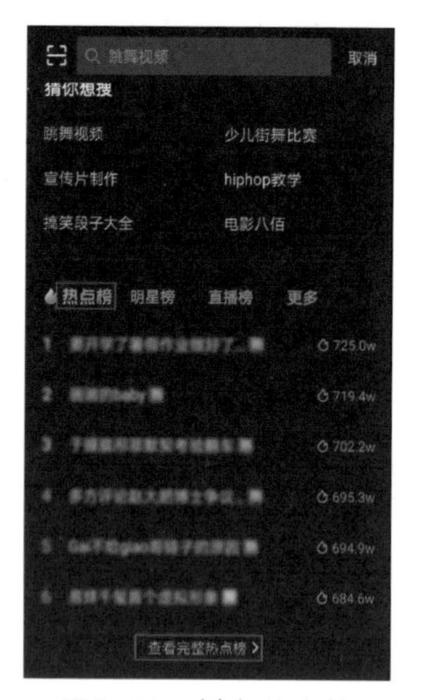

图2-11　抖音热点榜

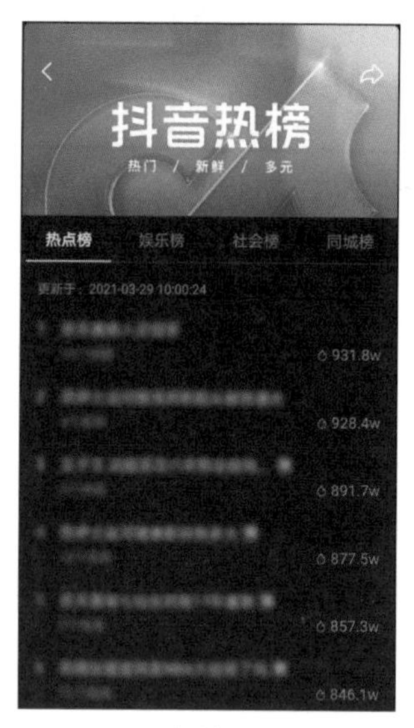

图2-12　完整的热点榜单

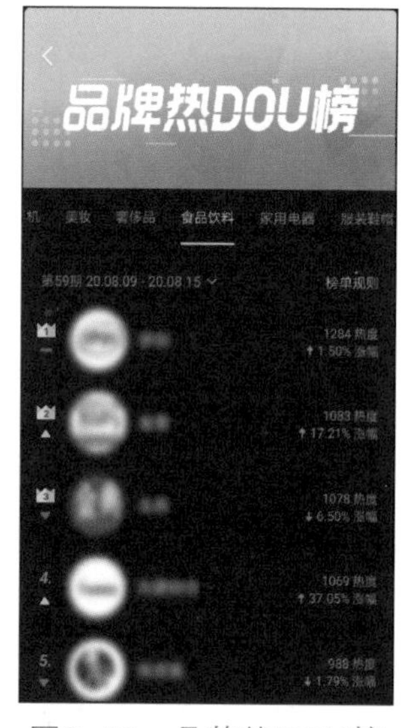

图2-13　品牌热DOU榜

图2-14　明星爱DOU榜

3．百度指数

如果创作者完全没有粉丝，那么最简单的方式就是利用热点事件来增加粉丝。比如2019年3月，一个流浪者在抖音刷屏，红极一时，就连百度指数都可以查出——他的名字在一天时间里搜索指数上升到了8万多，如图2-15所示。此后，当我们打开抖音搜索他的名字时，就会出现很多关于该流浪者的短视频和抖音账号，很多抖音账号的粉丝还不少。

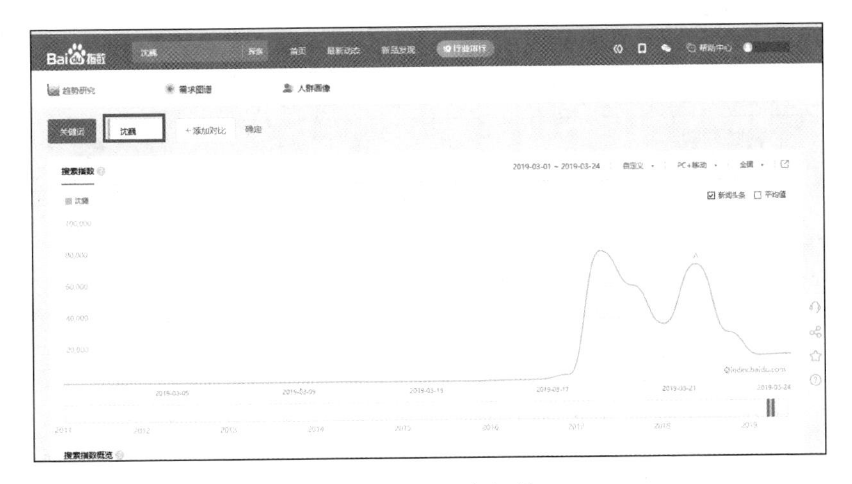

图2-15 百度指数

4. 百度搜索风云榜

百度搜索风云榜以数亿网民的搜索行为作为数据基础，建立关键词排行榜与分类热点排行，以榜单的形式呈现出全民搜索排名。图 2-16 所示为百度搜索风云榜，用户据此可以查看详细的热搜情况。短视频创作者可以根据自身的目标用户群来了解相关的热点和资讯，根据搜索到的热点内容策划短视频的内容。

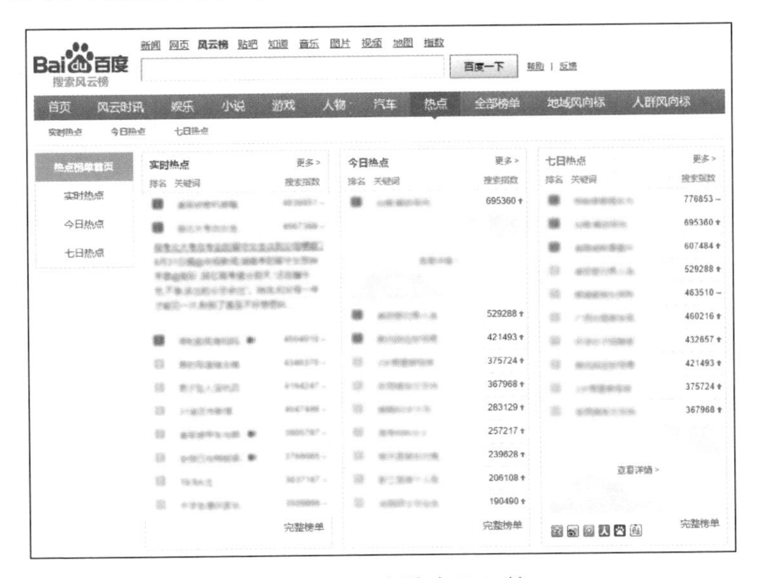

图2-16 百度搜索风云榜

5. 微博热搜榜

作为中国用户量庞大的社交网站之一，微博的影响力同样不容小觑。微博热搜榜是微博开发的实时搜索类应用模块，为用户提供网友热搜的事件、话题，实时了解大家正在搜索的热点信息。图 2-17 所示为微博热搜榜。

图2-17　微博热搜榜

2.3.4　内容的持续产出

短视频发布的数量和频率也是非常关键的，更新数量越多、频率越高，曝光概率越大。许多行业专业人士平均每天保持 5 条左右的内容更新，大部分短视频创作者保持每日更新或每周更新的频率。

那么为什么要保持持续输出的数量和频率呢？原因主要有以下两点。

1. 培养用户习惯

持续、规律地输出内容，可以培养用户固定的观看习惯，增强用户黏性。当黏性足够强时，用户就慢慢具备了粉丝属性。如果短视频创作者不能持续输出内容，就容易被用户忘记。

2. 获得用户认可

互联网时代的竞争就是看谁能获得用户认可。短视频也一样，每个短视频创作者都在调整自己发布的内容的数量和频率，尽力得到用户的认可。

2.4　热门短视频内容策划

热门短视频内容怎样策划呢？高颜值、才艺表演、搞笑类、萌娃萌宠、特色景点、正能量、实用技术等，都是热门的短视频内容。

2.4.1 高颜值

高颜值的短视频博主更容易在第一时间就获取用户的好感，用户往往会点赞其作品，回头观看作品的意愿也更高，评论互动的动力也更强。

不得不承认的一点是，高颜值博主是直播平台、短视频平台获取流量的主要来源。一些高颜值博主仅仅翻拍了一个动作或者跳了一段舞蹈，就收获了几百万点赞。但只靠颜值支撑的作品的生命力颇为脆弱，在日新月异的短视频领域中，用户很快就会产生视觉疲劳。

高颜值并不是短视频火热的必需要素，但如果短视频在拥有高颜值博主的同时，还具备创意和互动因素，就会产生巨大的点击量。

2.4.2 才艺表演

才艺表演是指通过剧情表演、音乐、舞蹈等形式展现出来的一种内容。抖音刚刚进行市场推广时，就是到各大高校、艺术社团做宣传，因此奠定了一定的艺术类用户基础。特别是音乐和舞蹈类的短视频，更能吸引用户关注。图 2-18 所示为舞蹈短视频，拥有 150 多万点赞量、4 万多评论量和 5 万多转发量。

不过才艺表演类短视频的制作要求高，如制作舞蹈短视频就要求舞者的表演能力要强，音乐要好听，舞蹈要好看，没有这方面才能的人是难以做好这类短视频的。

图2-18 舞蹈短视频

2.4.3 搞笑类

搞笑类短视频的内容覆盖范围广，基本所有的用户都可能关注。搞笑类的内容包括笑话、搞笑情节剧、恶搞等。这类短视频的主要功能之一是供用户在碎片化的时间里消遣，当用户看完短视频捧腹大笑时，点赞就自然成为他们的一种奖赏表达。因此，搞笑类短视频也容易成为热点。

与其他类型的短视频相比，搞笑类短视频的内容要求更高：必须有笑点，让人看了立刻就有点赞和转发的欲望。

图 2-19 所示为某抖音账号发布的搞笑短视频，该博主在抖音上发布了 200 多个搞笑类短视频，吸引了大量的用户关注。

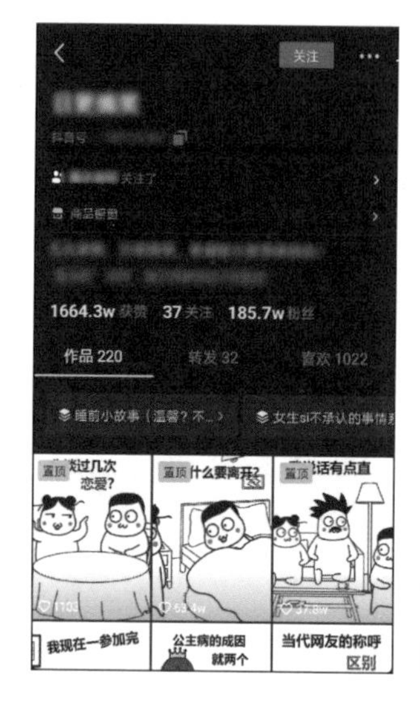

图2–19　搞笑短视频

2.4.4　萌娃萌宠

萌娃萌宠也是粉丝较多的短视频类型，比如把宠物人格化并给它们穿上搞怪的服装、给宠物配音等短视频经常有很高的播放量。

非常可爱的孩子或者宠物，他（它）们的一个动作、一个表情或者一句配音，都能让粉丝直呼“可爱”。那些被吸引的粉丝会忍不住点赞和反复观看，这会让短视频获得更多的播放量。图 2-20 所示为萌宠短视频。

图2–20　萌宠短视频

“萌”有强大的心理治愈能力，人看完萌的内容以后心情会瞬间变得很轻松。因此，有萌娃或萌宠的短视频，只要内容精彩，往往都能吸引人的眼球，获得的关注量同样不容小觑。

2.4.5　特色景点

短视频也带动了特色景点的宣传，这些特色景点短视频能带给人美的享受，令人向往，很容易引起粉丝的关注。

抖音可谓是新一代的“带货利器”，不仅推广了很多好用的产品，一些特色景点也被火速宣扬，推动了当地旅游经济的发展。例如，张家界留给大家最深的印象应该就是它的玻璃栈道，全透明式的玻璃栈道加上深不见底的峡谷，给大家带来了猛烈的震撼感。图 2-21 所示为玻璃栈道短视频。

张家界除了玻璃栈道还有其他的特色景点——天门洞，这是世界上海拔最高的天然穿山溶洞，远远看去仿佛一道通往仙界的门。天门洞短视频如图 2-22 所示。抖音短视频带火了张家界的玻璃栈道、天门洞，每天来这里旅游的人不计其数。

图2-21　玻璃栈道短视频

图2-22　天门洞短视频

2.4.6　正能量

正能量的内容也比较受欢迎，越是压力大、浮躁迷茫或有挫败感的人，越是需要正能量。如果短视频能够带给人正能量，引起用户内心深处的共鸣，往往就会获得很高的评论与转发量。

正能量的短视频内容很容易引起大家情感上的共鸣，易于转发传播。这类内容洞悉了用户的心理，用犀利的文案加上恰当的表述方式，打造价值认同感。这种价值认同能带来用户追随式的关注，让用户黏性增强。

图 2-23 所示为某抖音账号发布的一系列励志正能量短视频，共计获赞 1.3 亿次，“圈粉” 158 万。

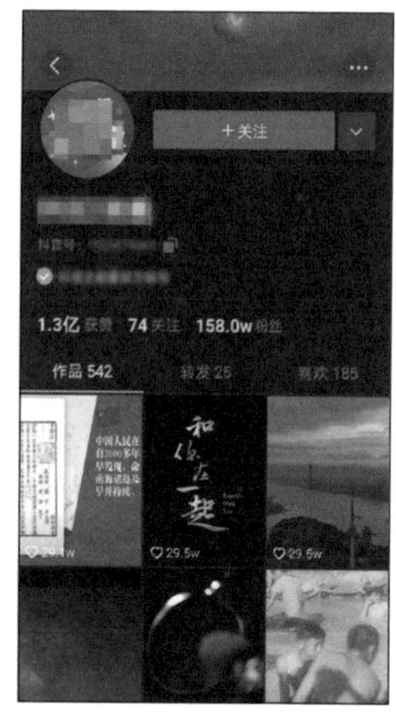

图2-23　励志正能量短视频

2.4.7　实用技术

实用技术类短视频在抖音上一直很火，实用培训教程、资源集合、美食教学、生活技巧类短视频都属于此类。虽然这类短视频的粉丝规模有限，但其定位更加精准，转化率更高。这类短视频很好地利用了用户的收藏心理，人们总想着“先点赞收藏，未来可能会用得上”。只要短视频创作者有一项实用技术，就可以拍成短视频。

美食承载了中国人丰富的情感，而美食类短视频不仅能使人身心愉悦，更能让人产生共鸣。近年来，短视频产业呈现井喷式增长，美食类短视频作为其中的一个细分领域，更是火热非常。美食具有极大的诱惑力，一个好的美食类短视频即使不能让人真正品尝到美食，画面也足以让人浮想联翩。因此，互联网时代的人们花样百出地创作着美食类短视频。图 2-24 所示为某抖音账号发布的某美食教学短视频，详细传授了美食制作流程，实用性较强。

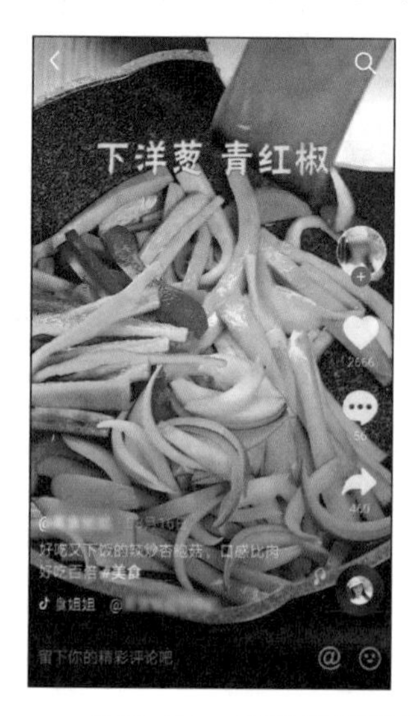

图2-24　某抖音账号发布的美食教学短视频

2.5 短视频内容定位原则

2-4 短视频内容定位原则

不少曾经广受欢迎的短视频或者抖音账号现在已经没人看了，为什么会出现这种情况呢？因为这些创作者都忽略了一个重要的问题，那就是定位。短视频内容定位越清晰，创作者在运营短视频的时候才会越轻松。

2.5.1 定位清晰垂直

在短视频领域中，短视频统分为综合性短视频和垂直性短视频两大类。综合性短视频涵盖的领域较多，流量也较大，但相对而言其变现能力比较差。而垂直性短视频指的是在某一领域有非常强的专业性的短视频，如汽车类短视频、教育类短视频、美食类短视频。

一个短视频账号最好只定位一个领域的内容，做到深度垂直。比如会唱歌跳舞，可以定位为才艺达人；会做饭，可以定位为美食达人；是行业专家，可以定位为行业“大咖”；会搞笑，可以定位为段子手等。

做好垂直定位之后，接着就是创作深度内容，持续更新，只更新与当前定位领域相关的内容。这样运营起来更轻松，操作门槛相对较低，也更有利于涨粉、引流、变现。

现在短视频平台很重视垂直类的内容，因此短视频内容的定位一定要清晰垂直，切忌什么都做。做好定位后，坚持不断地优化内容就成为关键。图 2-25 所示为某航拍抖音账号主页及其发布的短视频，这样的定位就比较垂直。

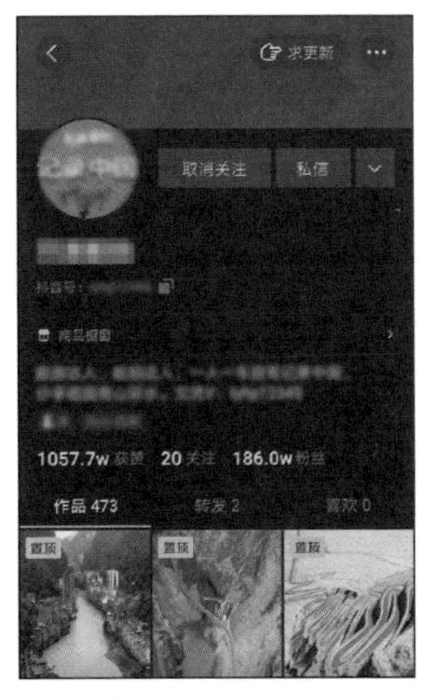

图2-25 某航拍抖音账号主页及其发布的短视频

同样有100万粉丝的综合抖音账号和垂直细分抖音账号，虽然在广告报价上综合抖音账号为几千元至几万元，垂直细分抖音账号在几万元到10万元，但如果以每月的商业收入来看，垂直细分抖音账号的收入往往会高出综合抖音账号10倍左右。由此可见，在拥有相同粉丝数量的情况下，垂直细分抖音账号的商业价值更高。综合内容的特点是内容普适性强，传播力强，观看这些内容是大家消磨时间的共同选择。垂直细分领域内容的特点表现在，每个领域的内容差异性强，每个领域的用户都有至少一个共性标签。短视频内容定位越精准、越垂直，用户就越精准，获得的精准流量就越多，变现也越轻松。

2.5.2 锁定擅长领域

想要让短视频持续火热，短视频创作者首先要客观地审视自己，锁定自己擅长的领域。怎样锁定自己擅长的领域呢？以下3种方法可供参考。

1. 梳理出自己最喜欢或最擅长的领域

有些人喜欢的领域很多，如旅游、美术、音乐、舞蹈、美食等，但想让短视频持续火热，就应从中找到自己最喜欢的领域。好好审视自己，梳理出自己做过的、被别人赞扬最多的事情，这些事情所属的领域很可能就是能体现你的天赋或擅长的领域。

2. 明确自己全身心投入、忘却自我去做的事情

一件事只有去做了，才知道自己是不是真的喜欢和擅长。当你全身心投入、忘我地做了某件事情，那么，这件事情所属的领域可能就是最适合你的。

有的短视频博主舞蹈跳得特别好，无论是在舞蹈室还是在休闲广场，有时候一跳就是几个小时，每天都坚持发短视频。这样的博主自然会得到用户的喜爱，因为跳舞就是他的专长。

3. 找准自己的天赋

每个人的时间和精力有限，在能施展自己天赋的领域发展，会让我们更容易获得成功。简单来说，就是做一件事要有悟性，别人可能需要10天还不一定能做好，而你只需两天就能做得比别人好。

2.5.3 体现自我优势

在短视频平台上，粉丝超过百万的大号有很多。作为一个新手，该如何引流呢？想要在短视频平台中迅速引流，创作者必须要利用知识的垂直精细化，利用相对稀缺的技能建立自己的壁垒，形成差异化。了解自己与其他账号的区别，体

现自己的优势，这样才能脱颖而出。

1. 分析短视频平台大号，找到差异化切入点

首先找到那些受欢迎的短视频平台大号，分析他们的短视频为什么能火，找出他们的特点和优势。

图 2-26 所示为某测评类抖音账号主页及其发布的短视频，该博主的职业背景是国际化学品法规专家，有多年出入境检验检疫局实验室检测工作的经验。他在短视频中用科学的方法分析一些热门护肤品、化妆品、食品的成分表等，最终选出一些推荐品牌。目前，他已获得了 2000 多万粉丝，获赞超过 1 亿。博主利用自己的专业背景、科学的检测仪器、透明的检测结论，为这个抖音账号的内容增加了可信度，同时建立了自己的壁垒，形成差异化。

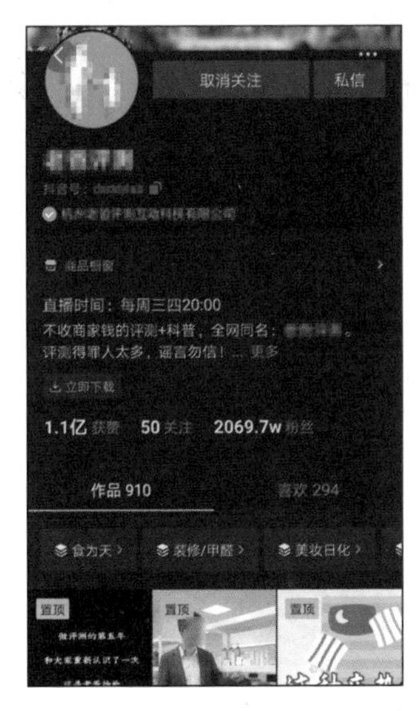

图2-26　某测评类抖音账号主页及其发布的短视频

2. 根据品牌文化创作短视频

企业在短视频平台发布短视频时，想要用差异化内容吸引粉丝，就必须根据品牌文化制订长远的推送计划。深挖品牌元素，通过短视频平台唤醒品牌影响力成为众多品牌的新诉求，这是目前不少正处于品牌成长期的企业想要尝试的方向。

为了吸引粉丝，增强粉丝黏性，某品牌手机根据自己的品牌文化，做了一个抖音账号，如图 2-27 所示。

该品牌同时通过短视频平台发起话题“#2020 全都要稳”活动，根据点赞量与作品质量，为前 10 名各送出新品手机一台。话题活动发起短短几天，就吸引了几万人参与，视频总播放量高达 119.5 亿次，如图 2-28 所示。

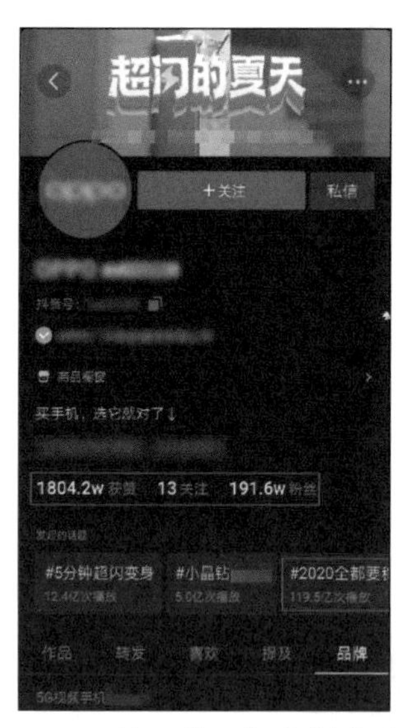

图2-27　某品牌手机的抖音账号

图2-28　发起话题活动

2.5.4　坚持内容原创

很多短视频创作新手为了省事，经常搬运别人现有的短视频内容，事实证明效果非常差。他们即使积累了一定量的粉丝，也难以拥有自己的核心竞争力，粉丝也没有很强的黏性，进而影响到自己后期的变现。短视频运营要想走得更远，最重要的还是依靠原创，只有拥有原创力，才能比别人走得稳、走得长。

比起其他方式，原创有以下 3 点好处。

（1）原创的利润高。

（2）原创没有风险。

（3）原创成功的机会大。

图 2-29 所示为某面食制作类抖音账号主页及其发布的原创内容，博主发布的短视频主要是教粉丝怎么制作各种花式面点，没有进行剪辑包装，但内容实用清晰，短时间内粉丝就超过了 90 万。

许多短视频博主不能坚持原创内容，主要有以下 3 个原因。

（1）制作出来的短视频与期望差距很大。

（2）现有资金难以支撑持续的原创内容输出。

（3）选题难，没有新意。

那么，短视频创作者如何才能解决这个问题呢？

针对第（1）点，短视频创作者要不断优化自己的作品，精益求精，不要急功近利，不要随手拍完就发布到平台上。

针对第（2）点，短视频创作者要及时做好变现，可以接一些广告或卖商品等。

针对第（3）点，短视频创作者要站在粉丝的角度选择选题，可以与当前热点事件结合。

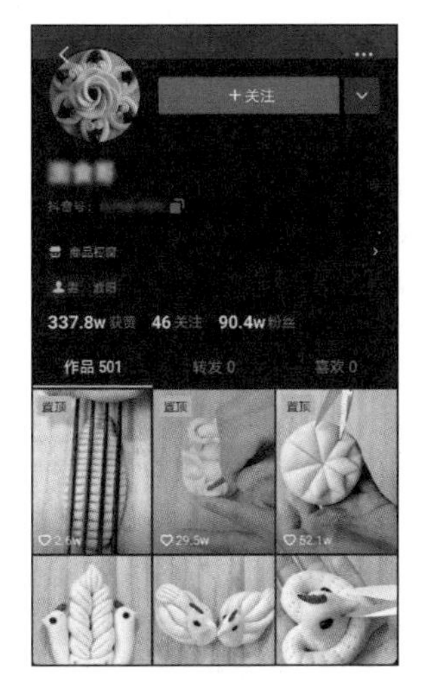

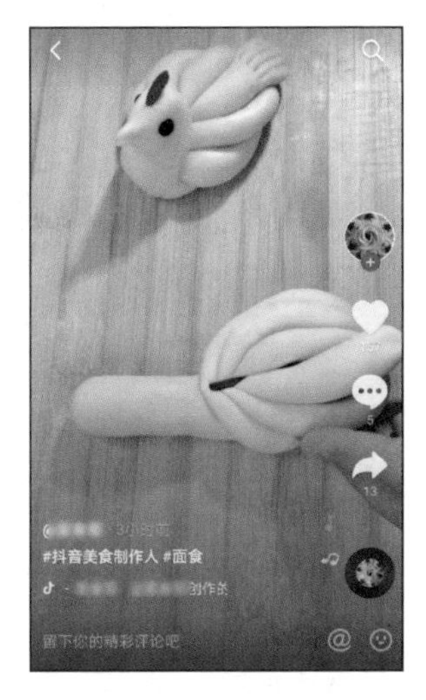

图2-29　某面食制作类抖音账号主页及其发布的原创内容

课后习题

一、填空题

1. 短视频制作的重要一步就是内容的＿＿＿＿＿＿。只有做好＿＿＿＿＿＿，再加上清晰、准确的定位，才能在制作短视频时做到有的放矢。

2. ＿＿＿＿是指用户未被满足的、急需解决的需求。短视频的内容只有戳中了用户的痛点，才具有吸引力和说服力。

3. ＿＿＿＿＿＿、＿＿＿＿＿＿、＿＿＿＿＿＿、＿＿＿＿＿＿、＿＿＿＿＿＿、＿＿＿＿＿＿、＿＿＿＿＿＿等，都是热门的短视频内容。

4. 短视频运营要想走得更远，最重要的还是依靠＿＿＿＿＿＿，只有拥有＿＿＿＿＿＿，才能比别人走得稳、走得长。

二、思考题

1. 短视频内容策划原则有哪些？
2. 怎样挖掘用户的痛点？
3. 优质内容的特质有哪些？
4. 短视频如何追热点？热点从哪里寻找呢？

三、实训操作题

分析热门短视频的内容策划，具体任务如下。

1. 打开抖音，找到一些涉及高颜值、才艺表演、搞笑类、萌娃萌宠、特色景点、正能量、实用技术等热门内容的短视频，如图 2-30 所示。

2. 分析其主要内容和主要特点。

图2-30　涉及热门内容的抖音短视频

第3章 短视频的构图方法

学习目标

- 了解构图基础知识
- 熟悉短视频的构图要素
- 熟悉前景、背景和留白
- 掌握常见的短视频构图方法

想要短视频上热门，把短视频拍好是基础。拍摄短视频实际上与拍摄照片类似，都需要摆放画面中的元素，使画面看上去更美观，更具有视觉冲击力，这便是构图。构图是拍好每一个短视频的基础，构图能够创造画面造型，表现节奏、韵律，传达给观者的不仅是一种认识信息，也是一种审美情趣。

3.1 构图基础知识

构图是摄影中常用的基本技巧，是决定作品视觉效果好坏的关键。好的构图能够把人和景物的优点凸显出来。对于短视频拍摄者来说，掌握好构图的基本规律，并能在拍摄过程中合理运用这些规律是非常必要的。

3-1　构图基础知识

3.1.1 树立基本的构图观念

“构图”来源于拉丁文“composition”，为造型艺术的术语，它的含义是把各部分结合、配置并加以整理，形成一个艺术性较强的画面。在《辞海》中，“构图”指艺术家为了表现其作品之主题思想和美感效果，在一定的空间，安排和处理人、物的关系和位置，把个别或局部的形象组成艺术的整体。构图在中国传统绘画中称为“章法”或“布局”。

构图就是通过对画面中的人或物及其陪体、环境做出恰当的、合理的、舒适的安排，并运用艺术的技巧、技术手段强化或削弱画面中的某些部分，最终使主体形象突出，使主题思想得到充分、完美的表现。简单地说，构图就是在拍摄时，我们决定怎样在取景器内放入被摄对象的过程。在构图时，我们要考虑画面给人的视觉感受，主体、客体与环境之间的关系处理，把控短视频中的色彩、光线层次，利用影调、气氛等因素让短视频更有视觉感染力。

3.1.2 了解构图的重要性

短视频的拍摄离不开构图，一个构图好的作品与一个构图差的作品给人带来完全不同的感受。对刚刚起步的短视频拍摄者来说，构图尤为重要。短视频拍摄者只有经过精心构图，才能将作品的主体加以强调、突出，舍弃一些杂乱的、无关紧要的景和物，并恰当地选择陪体和环境，从而使作品更完美。

图3-1　小船

好的构图可以帮助作品成为佳作，让短视频拍摄者即使是在最简单的环境里，或者在主体是最单调的物体的情况下，也能创作出精彩的作品，如图 3-1 所示的小船。糟糕的构图可以毁掉作品，即便主题很有趣。构图糟糕的短视频通常在后期处理中也难以修复，因为构图不像调整常见的曝光值或白平衡那么简单。

3.1.3 短视频构图的基本原则

有些人虽然掌握了一些构图方法，但拍出来的作品效果还是不理想。其实，这并不是因为他们掌握的那些构图方法不实用，而是因为这些构图方法都是有基本原则的。在短视频拍摄构图过程中，我们需要掌握一定的基本原则，才能拍摄出优秀的短视频。

1. 美学原则

短视频构图要遵循美学原则，要使画面具备形式上的美感。构图时应发挥绘画自有的艺术表现力，即运用对比、排比、节奏、韵律等美感形式来增强作品的审美效果。图 3-2 所示的风景图，其色彩对比不仅能增强画面的艺术感染力，更能鲜明地反映和升华主题。

图3–2 风景图

2. 突出重点

无论采用哪种构图，都需要突出重点，因为我们拍摄短视频是为了表达一定的情感或呈现场景，这些情感或场景都需要被突出。无论采用对称式构图还是汇聚线构图，视觉的落脚点一定要在我们想突出的重点元素上。

3. 主题明确

短视频必须有一个明确的主题。简单地说，短视频的主题就是短视频的主要内容。短视频构图必须为短视频的主题服务，在构图时需要考虑以下 3 个方面。

（1）突出短视频的主体，淡化短视频的陪体。当主体变得突出之后，短视频的主题也会变得更加明确。

（2）为了突出表现短视频的主体，有时甚至可以破坏画面构图的美感，使用不规则的构图。

（3）若某个构图优美的画面与整个短视频的主题风格不符，甚至妨碍了主题思想的表达，就可以考虑将其裁剪掉。

4．均衡原则

均衡是获得良好构图的另一原则，对一个好的短视频来说，视觉和美学上的均衡也是非常重要的。掌握均衡就是合理安排各形象的形状、颜色和明暗区域，使其互相补充，使画面看上去很平衡。需要注意的是，不要以为均衡就是对称，图 3-3 所示的花朵就是非对称式的均衡，由左侧比较大的花朵与右侧小一些的花朵构成，这种均衡比对称式的均衡更富趣味。

图3-3　花朵

5．简化背景

背景只是背景，让背景喧宾夺主的短视频势必是失败的作品，所以，背景要尽量简洁，起到烘托和陪衬主体的作用。如果场景受限、背景难以简化，可以考虑用大光圈虚化背景或是改变焦距，也可以转换拍摄角度，从而改变取景范围。图 3-4 所示为鸟巢，其拍摄背景就比较简单。

图3-4　鸟巢

6. 清理边缘

我们在构图前需要先取景，也就是想好让什么样的画面出现在我们的取景器中，然后才思考怎样构图可以让画面更和谐。清理边缘就是清理画面边缘中琐碎的东西，避免分散注意力或给观者以杂乱、不适的视觉感受。

7. 变化原则

前面讲的构图原则主要是针对短视频中的一幅画面而言，而对于由许多画面组成的整个短视频的构图，则需要遵循变化原则，即根据不同的画面选择相应的构图。

3.2 短视频的构图要素

3-2 短视频的构图要素

许多人拍摄短视频时，往往只会将主体放进取景器中，虽能拍出清楚、正常的画面，但这样的短视频往往既没有艺术形式也没有美感可言，因为拍摄者不了解短视频的构图要素。短视频的构图要素包括主体和陪体。

3.2.1 主体

主体是一幅画面主要表现的对象，是画面内容的主要体现者，是画面结构的中心，在画面中起主导作用，是控制全局的焦点。一般而言，一幅画面中只能有一个主体。由于主体在画面中是最重要的，集中体现着画面的主题思想，所以处理主体的基本原则就是突出——主体越鲜明、越突出越好，能够吸引观者的注意力，抓住观者的眼球。图3-5所示的两条纯白色的萨摩耶宠物狗，作为画面主体在纯色背景下占据了绝大部分画面，非常醒目和突出，较好地表现了两条宠物狗的特点，很容易引起观者的注意。

图3-5 两条纯白色的萨摩耶宠物狗

主体作为画面中重点表现的对象，在构图中起着主导作用。要想将画面内容表达得清晰、明确，主体一定要突出，因此在组织、安排画面时要积极调动各种画面构图因素，使主体成为画面的视觉中心。下面介绍突出主体几种常见的方法。

1．色彩对比法

色彩对比法是利用大面积的某种色调与小面积的其他色调进行对比以突出主体的方法，一般而言，大面积色调部分为主体，小面积色调部分为陪体，但也有例外。图3-6所示为墨水在水中散开的画面，作品中的大面积色调为白色，而作为主体的黑色墨水占据的面积非常小，墨水的痕迹犹如正在翩翩起舞的舞者，主体通过色彩的对比得以很好地突出。

图3–6　墨水在水中散开的画面

2．明暗对比法

明暗对比法指利用大面积的明衬托小面积的暗，或用小面积的明衬托大面积的暗。图3-7所示为夜晚的建筑物，画面中大部分为暗色调，灯光只照亮了建筑物的轮廓及周围部分景物，无关的要素被隐藏在暗色调中，通过明暗对比来突出该建筑物的整体造型。

图3–7　夜晚的建筑物

3．线条引导法

线条具有引导和限制视线的作用，它既包括客观存在的直线、曲线等，也包括无形的线条，如人的视线、事物间的关系线等。线条可以把观者的视线集中在面积较小但需要突出的主体上，起到突出主体的作用。图3-8所示的画面中，不断向远处延伸的路把观者的视线自然地引导到画面上部的山和蓝天白云上，很好地突出了主体。

4．框架集中法

当主体面积小而无法支配画面，或者由于距离较远，而又必须表现出远近空间感时，可以利用框架集中法把主体放在框架内，将观者的注意力引导到主体上，从而达到突出主体的目的。图 3-9 所示的画面中，飘扬的红色绸布形成的框架把观者的注意力引导到画面主体——古牌坊上。

图3-8　延伸的路

图3-9　飘扬的红色绸布

3.2.2　陪体

陪体是拍摄者选取的用以辅助主体表达内容的人或景物，在画面中起到陪衬和渲染主体的作用。陪体是画面中与主体联系最紧密、最直接的次要对象，与主体相呼应。画面中恰当的陪体对表现主体的特征及内涵起着重要作用，也能使画面语言更加生动。

陪体在画面中具有以下 3 方面的作用。

（1）烘托、陪衬主体，与主体共同完成画面主题思想的表达，起到点明和深化主题的作用。

（2）对主体起到解释、限定和说明的作用。

（3）丰富画面内容，增加画面的信息量，使画面更有感染力。

图 3-10 所示的画面中，主体是雷峰塔，画面中作为陪体的飞檐就起到陪衬的作用。上翘的飞檐增强了画面的纵深感，把观者的目光自然地引导到雷峰塔上，同时与雷峰塔形成了上下呼应的关系，并与其成为一个不可分割的整体。此外，中国古典建筑风格的飞檐很好地增加了雷峰塔的历史沧桑感和深厚的文化内涵，丰富了画面信息量，可以引起观者的思考。

图3–10　雷峰塔

3.3 前景、背景和留白

3–3　前景、背景和留白

除了前面讲的主体和陪体外，二者周围的环境也很重要，周围环境包括前景、背景和留白。如果能合理配置前景、背景和留白，不仅可以保持画面的均衡感，也可以很好地表现出距离感。前景、背景和留白作为画面中的辅助物，起着衬托主体的作用。

3.3.1　巧妙利用前景

前景就是指位于主体前面或靠近镜头的景物。在拍摄时，前景的位置并没有特别的规定，主要根据主体的特征和构图需要来决定，一般位于画面的四边或四角。

前景在画面的构造中起着重要的作用，在拍摄风景时，前景负责表现主题。利用好前景可起到以下 3 个作用。

1．强化透视

由于前景位于主体之前，是距离观者最近的景物，所以前景的出现可以增强画面的透视感和空间感，把二维“平面”变成三维“立体”，使人身临其境。图 3-11 所示的风景图中，作为框架式前景的石头雕刻使影调变得暗淡，后面的中式凉亭和泉水色彩鲜艳，有利于体现空间距离感，同时自然地把观者的视线引导到了画面的主体上。

图3–11　风景图

2．烘托和美化

前景可以交代环境的特点和烘托环境氛围，在美化画面的同时又深刻地表达了主题思想。图 3-12 所示的城市景色中，绿树和代表超越的雕塑作为前景，较好地烘托了画面表达的“绿色城市、生态城市”的主题思想。

图3–12　城市景色

3．弥补空白

根据前景在画面中的位置，前景可以分为上、下、左、右、框架式、半包围式前景。这些前景有时也相互交叉使用。例如，图 3-13 所示的远处建筑，前景位于画面主体的上部、下部和左边。

图3–13　远处建筑

又如，图 3-14 所示的春景，框架式构图巧妙地利用了树枝作为前景。框架式前景除具有前景的一般作用外，还具有强化画面美感、使画面独立完整的作用。

图3–14　春景

3.3.2　细心选择背景

在短视频中，位于主体之后衬托、渲染主体的景物就是背景。不同的背景选择和表现手法都可以使画面看起来更有意境。背景的主要作用是交代主体所处的位置、渲染气氛及烘托主题。

相对于前景而言，背景显得更为重要，因为前景不是必需的，但背景在画面中却是不可回避的，它可以间接点明主题，起到画龙点睛的作用。

背景对画面的造型具有十分重要的意义，处理好背景不仅能起到突出主体的作用，还能起到丰富主体内涵的作用。对于初学摄影的人来说，应该尤其注意背景的选择。

选择背景应注意以下 4 方面。

（1）背景要有利于主题表现。只要背景清晰地呈现在画面中，它就必须要有利于主题表现。如果背景是可有可无的，那它就不是必要的因素，应想方设法对它进行弱化或将它排除在画面之外。

（2）背景与画面其他元素要协调。一幅画面主要包含主体、陪体、前景和背景，背景应该在影调、色彩等方面与画面其他元素相协调。

（3）选择具有地方特征、季节特征的景物作为背景，对衬托主体也是非常重要的。

（4）背景要简洁。选择背景时要懂得舍弃画面中无关的元素，否则背景就容易喧宾夺主，弱化主体的形象。图 3-15 所示的花果，其背景就十分简洁。

图3-15 花果

3.3.3 合理布置留白

留白即画面中除了看得见的实体对象以外的一些空白部分，它们由单一色调的背景组成，形成实体对象之间的空隙。只要是画面中色调相近、影调单一、从属于衬托画面实体对象的部分都是留白，如雾气、天空、水面、草原、土地或者其他景物。由于运用各种摄影手段，留白部分已失去了原来的实体形象，而在画面中形成单一的色调来衬托其他的实体对象。

留白可以起到营造意境，留给观者更多的想象空间，使画面语言更加精练的作用。图 3-16 所示为风车发电场面，画面中的蓝天就是留白，大面积的蓝天很好地烘托了画面主体——风车，简洁的画面很自然地把人的视线集中到风车上。

图3-16　风车发电场面

3.4 常见的短视频构图方法

在构图时，我们不应该一味地遵循某种固定的构图模式，因为那样我们有可能受到生搬硬套的局限。但是，初学者还是要掌握一些比较实用的构图方法，以便在需要的时候更好、更快地拍出好的短视频。不同的短视频构图方法能给人带来不同的视觉感受，下面介绍常见的 10 种方法，让大家对构图有更清晰的认识。

3.4.1 “井”字构图

黄金分割又称黄金律，是一个数学比例关系，即将整体一分为二，较大部分与较小部分之比等于整体与较大部分之比，其比值约为 1 ∶ 0.618。0.618 被公认为最具有审美意义的比例数字。上述比例也被公认为最能带给人美感，因此被称为黄金分割。短视频构图方法中的“井”字构图就是黄金分割的例证。

“井”字构图又叫九宫格构图，是我们常用的构图方法，“井”字的 4 个交叉点就是主体的最佳位置。如图 3-17 所示，A、B、C、D 4 条线的交叉点大致是黄金分割点的分布点，画面的主体或分割线可以安排在 4 个交叉点或 4 条线附近。如图 3-18 所示，树和游人大致位于画面的黄金分割线上，它们不但平衡了画面、也形成了很好的视觉中心。

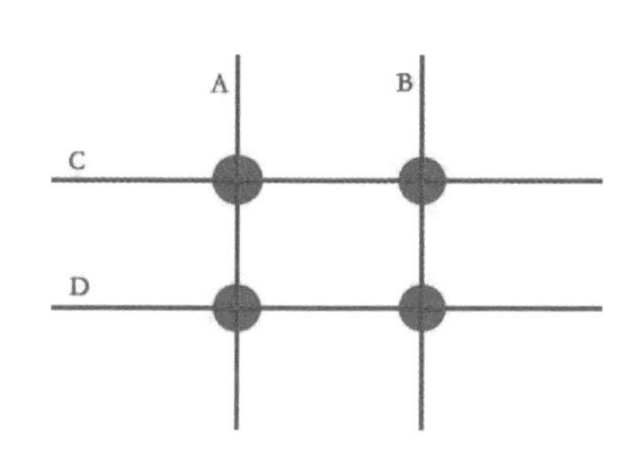

图3-17 黄金分割

图3-18 树和游人

一般认为，主体位于“井”字右上方的交叉点最为理想，其次为右下方的交叉点，但这并不是一成不变的。这种构图方法较为符合人们的视觉习惯，使主体自然成为视觉中心，具有突出主体并使画面趋向均衡的作用。

3.4.2 重复构图

利用不断出现的物体构图就是重复构图，它可以形成韵律美，起到不断强调的作用。图 3-19 所示为密密麻麻排队的人，镜头晃动产生的动感更营造了排队时拥挤的氛围。被摄对象数量越多，越容易给人留下深刻的印象。在拍摄许多相同元素同时出现的场景时，一定要尽可能大范围地取景。

图3-19 密密麻麻排队的人

重复、连续性的元素会吸引观者，让观者在画面中不停地浏览，有意识或无意识地从一边浏览到另一边。不同的重复元素会造成不同的视觉效果，使短视频从其他作品中“跳”出来。此外，如果众多重复元素中有一两处细微的不同，无疑会给整幅画面带来更出色的戏剧效果。

3.4.3 对称式构图

对称式构图是指画面中的景物相对于某个点、直线或平面而言，在大小、形状和排列上具有一一对应的关系。对称的形式有上下对称、左右对称、中心对称和旋转对称 4 种。对称式构图具有均匀、整齐一律和排列相等的特点，给人安宁、平稳、和谐和庄重之感。图 3-20 所示的大门，红色门上的两个狮子图案就是运用对称式构图的例子。

图3–20　大门

3.4.4 S形构图

S 形构图是曲线构图中使用较多的一种构图方法。曲线是最具有美感的线条元素，它具有较强的视觉引导作用。S 形具有曲线的优点，优美而富有活力和韵味，所以 S 形构图能给人一种美的享受，而且使画面显得生动、活泼。这种构图方法还能让观者的视线随着 S 形延伸，可以有力地表现画面的纵深感。图 3-21 所示为山间公路，优美的 S 形曲线把观者的视线引向了远方。

S 形构图具有延伸、变化的特点，可以将画面中的近景、远景等较大空间范围的景物利用 S 形曲线联系在一起，形成统一、和谐的画面。

图3-21 山间公路

3.4.5 框架构图

所谓框架构图，就是利用前景将拍摄的主体包围起来，使要表现的主体形成视觉趣味点或视觉中心。画面有了框架，可以增添一定的装饰性或趣味性，增强景物的纵深感，使拍摄的对象更为突出。图 3-22 所示的 2010 年上海世博会中国馆，被阳光谷形成的优美框架所包围，方与圆形成呼应，画面简洁，主体突出。

选择框架式前景能把观者的视线引向框架内的景物，突出主体；将主体用框架包围起来，也可营造一种神秘气氛。框架构图有助于使主体与环境融为一体，赋予画面更强的视觉冲击力。

图3-22 2010年上海世博会中国馆

使用框架构图时，要特别注意曝光的控制，因为常常会出现框架比较暗淡，而框架内的画面比较明亮的情况，所以在选择测光位置以及测光模式时要特别留意。

3.4.6 C形构图

C形构图既具有曲线美的特点，又能产生变异的视觉焦点，使画面简洁明了。C形曲线是一种极具动感的线条，以C形曲线来构图，会使画面饱满而富有弹性。一般而言，主体安排在C形的缺口处，使人的视觉随着弧线推移到主体上。C形构图在拍摄工业、建筑类题材的短视频时使用较多。图3-23所示的永定土楼一角，在拍摄时就运用了C形构图。

图3–23　永定土楼一角

3.4.7 圆形构图

圆形构图通常指画面中的主体呈圆形。圆形构图在视觉上给人以旋转、运动和收缩的美感，图3-24所示的商场，在拍摄时就运用了圆形构图。

运用圆形构图时，如果画面中出现一个能集中视线的趣味点，那么整个画面将以这个点为中心产生强烈的向心力。圆形构图给人以团结一致的感觉，但这种构图方法活力不足，缺乏视觉冲击力和生气。

除了拍摄圆形物体时可以以圆形构图表示其形状外，拍摄许多场景都可以用圆形构图表示其团结一致，这些场景既包括形式上的，也包括意愿上的。如拍摄学生聚精会神地围着老师听课、小朋友们围着圆圈做游戏等场景时，均可以选用圆形构图。

图3-24 商场

从功能上讲，圆形构图规定了构成画面的视觉对象与范围，同时它也将主体从所处的环境中分离出来，成为一个突出的视觉中心。

3.4.8 对角线构图

在拍摄很多景物时，如果让景物中的线条呈现出“四平八稳”的面貌，往往画面的表现效果不佳。对角线构图是把主体安排在画面的对角线上，它能有效利用画面对角线的长度，同时也能使陪体与主体发生直接关系。对角线构图富有动感，显得活泼，容易产生线条的汇聚趋势，吸引人的视线，达到突出主体的效果。

图 3-25 所示的雨中行人，画面采用的就是对角线构图，富有韵律的人行道大致呈 45 度角向右上方和左下方延伸，画面的主体——雨中打伞的人位于画面的黄金分割点上。

图3-25 雨中行人

3.4.9 汇聚线构图

汇聚线构图就是让画面中的所有线条向中心汇聚，形成一种交集状，将观者的视线引到汇聚的中心点上。汇聚线能强烈地表现出画面的空间感，使人在二维的平面中感受到三维的立体感。拍摄者可以考虑把主体放在汇聚线汇聚的中心位置上，从而起到一定的视觉引导作用，达到一种“迫使观者不得不看”的效果，例如图 3-26 所示的大桥。

图3–26　大桥

汇聚线可以是清晰、显而易见的线条，也可以是一些虚拟线条。汇聚线越集中，产生的空间感和纵深感就越强烈。通常出现在画面中的线条数量在两条以上，才可以产生这种汇聚效果，而这些线条会引导观者的视线沿纵深方向由近到远地汇聚、延伸，给观者带来强烈的空间感和纵深感。汇聚线构图常在拍摄一些风光纪实、建筑题材等想要表现较强的汇聚效果和透视效果的短视频时使用。

3.4.10 V形构图

V 形构图是最富有变化的一种构图方法，其主要变化是在方向上的安排——或倒放，或横放，或正放，但不管怎么放，其交合点必须是向心的，例如图 3-27 所示的建筑。正 V 形构图一般用在前景中，作为框架式前景突出主体。

V 形构图最大的作用就是突出主体，或者说直接将观者的视线引导至主体上。V 形构图单用、双用皆可，单用时画面容易产生不稳定的因素，双用时画面不但具有了向心力，而且很容易产生稳定感。

图3-27 建筑

课后习题

一、填空题

1. ______是摄影中常用的基本技巧，是决定作品视觉效果好坏的关键。

2. ______是一幅画面主要表现的对象，是所表现内容的主要体现者，是画面结构的中心，在画面中起主导作用，是控制全局的焦点。

3. ________是拍摄者选取的用以辅助主体表达内容的人或景物，在画面中起到陪衬和渲染主体的作用。

4. 除了前面讲的主体和陪体外，二者周围的环境也很重要，环境包括________、________和________。

二、思考题

1. 短视频构图的基本原则有哪些？
2. 突出主体常见的方法有哪些？
3. 选择背景应注意哪些方面？
4. 常见的短视频构图方法有哪些？

三、实训操作题

运用不同的短视频构图方法拍摄风景，具体任务如下。

运用常见的短视频构图方法，如“井”字构图、重复构图、对称式构图、S形构图、框架构图、C形构图、圆形构图、对角线构图、汇聚线构图、V形构图等，练习拍摄不同的风景，可参考图3-28运用V形构图拍摄风景和图3-29运用S形构图拍摄风景。

图3-28　运用V形构图拍摄风景

图3-29　运用S形构图拍摄风景

第4章 短视频的拍摄准备与技巧

学习目标

- 了解短视频拍摄的一般性要求
- 熟悉短视频拍摄的前期准备
- 掌握短视频拍摄的技巧
- 熟悉短视频拍摄需要注意的问题

短视频的本质是将文本语言转换成镜头语言，借助镜头来表达短视频创作者的情感和想法。做好短视频的拍摄和准备工作，掌握好拍摄技巧，可以保证短视频的拍摄效果，给观者带来强烈的视觉冲击力。

4.1 短视频拍摄的一般性要求

短视频的拍摄是一项实际操作重于理论的工作。下面介绍短视频拍摄的一般性要求。

1. 明确拍摄目的

拍摄目的主要指我们想要表达什么内容，传达什么信息，拍摄什么类型的主题。明确好拍摄目的，才有利于推进下一步的发展。

2. 具备原创能力

现在很多短视频的内容雷同，所以我们在拍摄短视频的时候要创作原创性的内容，这样才能使拍出的短视频与众不同。

3. 好的背景音乐是精髓

抖音以音乐细分领域切入短视频市场，它之所以火爆，可以说背景音乐起到了很大的作用。音乐给人听觉感官上的刺激，它和短视频内容结合起来，能给人以美的享受。

4. 防止镜头晃动，保证画面清晰

大多数观者都不愿看到模糊不清的画面，这将大大减少短视频的播放量。在拍摄短视频时，要防止镜头晃动，时刻保持准确对焦，这样才能拍摄出清晰的短视频。

怎么保证短视频的清晰度呢？为了防止镜头晃动，拍摄短视频时最常用的工具就是三脚架，如图 4-1 所示，它能够保证画面稳定清晰。

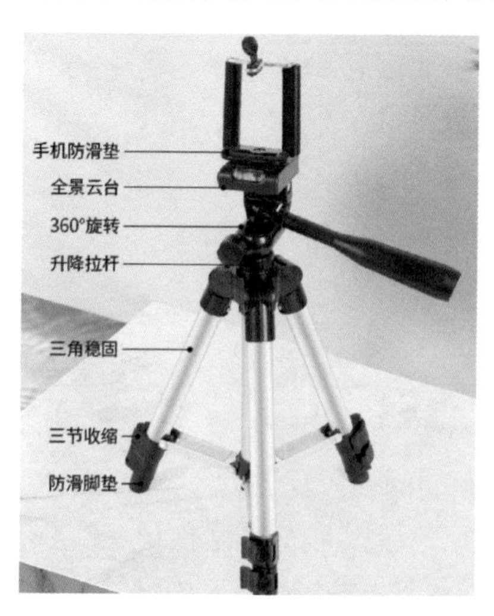

图4-1　三脚架

5. 运用延时摄影

延时摄影是一种常用的视频拍摄手法，通过将时间压缩，将拍摄的视频在较短的时间内展现出来。比如拍摄的 5 分钟的视频会被压缩成 5 秒的视频，整体呈现快动作效果。延时摄影适用于拍摄移动物体或自然风光，如天空中飘动的白云、城市道路上的车流、日出日落等。图 4-2 所示的蓝天白云在拍摄时就运用了延时摄影。

图4-2　蓝天白云

6. 运用慢动作

慢动作适用于拍摄一些微观或者凸显细节的场景，比如人的表情、动作、水滴、飘落的雪花等。运用慢动作拍摄的目的是突出细节和质感，营造氛围，比如短视频中很多催人泪下的场景、炫酷的动作等，都会运用慢动作展示，这样能产生很好的氛围和代入感。图 4-3 所示的飘落的雪花，在拍摄时运用了慢动作。

图4-3　飘落的雪花

4.2 短视频拍摄的前期准备

4-1　短视频拍摄的前期准备

短视频拍摄之前要做的准备工作都有哪些呢？下面将介绍拍摄团队的组建、短视频脚本的准备、演员及道具的准备、拍摄场地的准备以及拍摄设备的准备。

4.2.1　拍摄团队的组建

现在短视频制作大多从独自完成转变为团队合作，因为这样更具专业性。要想拍摄出爆款短视频，拍摄团队的组建不容忽视。那么完成一个专业水平的短视频，拍摄团队需要哪些成员呢？

1. 导演

导演是统领全局的角色，主要对短视频的主要风格、内容方向以及内容的策划和脚本把关。另外，在拍摄和剪辑环节也需要导演的参与。

2. 摄像师

摄像师是非常重要的，优秀的摄像师是短视频能够成功的关键，因为短视频的表现力及意境都是通过镜头语言来表现的。一个优秀的摄像师能通过镜头完成导演分配的拍摄任务，并给剪辑留下好的原始素材，节约大量的制作成本，完美地达到拍摄目的。

3. 剪辑师

剪辑师是短视频后期制作中不可缺少的重要职位。一般情况下，在短视频拍摄完成后，剪辑师需要对拍摄的素材进行选择与组合，舍弃一些不必要的素材，保留精华部分，还会利用一些视频剪辑软件为短视频配乐、配音以及添加特效等。后期制作可以将杂乱无章的片段进行有机组合，形成一个完整的作品，这些工作都需要剪辑师来完成。

4. 运营人员

短视频的传播离不开运营人员对短视频的推广。短视频制作完成后如何获得最高的内容和栏目曝光量，发往哪些平台渠道，如何管理用户反馈等，这些都是运营人员要负责的工作。如果没有优秀的运营人员，无论多么精彩的短视频，恐怕都会淹没在茫茫的信息大潮中。

5. 演员

演员需要根据短视频的主题选择符合短视频情节的人物形象，具备表现人物特点的能力。很多时候，团队成员也可以扮演演员的角色。

6. 其他人员

其他人员如灯光师、录音师等，具体根据团队情况来设置。另外从经济角度考虑，团队成员还可以身兼数职。

4.2.2 短视频脚本的准备

短视频脚本指拍摄短视频所依靠的大纲底本，是故事的发展大纲。短视频脚本相当于短视频的灵魂，有助于把握整个短视频的故事走向以及风格方向。想要创作优质的短视频，短视频脚本的准备不容忽视。

短视频脚本包括故事发生的时间、地点，故事中的人物，每个人物的台词、动作及情绪的变化等。

短视频脚本最重要的功能在于提高团队的效率，通过脚本，演员、摄影师、剪辑师能快速领会短视频创作者的意图，准确完成任务，减少团队的沟通成本。

短视频脚本一般分为拍摄提纲、文学脚本和分镜头脚本，它们分别适用于拍摄不同类型的短视频。

1. 拍摄提纲

拍摄提纲就是短视频的大致框架，它对拍摄内容起着各种提示作用。在拍摄短视频之前，我们应该将需要拍摄的内容通过提纲的形式罗列出来。拍摄提纲适用于拍摄一些不容易掌控和预测的内容，比较适合记录类短视频的创作。

2. 文学脚本

文学脚本是在拍摄提纲上增加细化的内容，使脚本内容更加丰富多彩。文学脚本将可控因素都罗列了出来，这类脚本适用于拍摄突发的剧情或直接展示画面内容的表演类短视频，如教学视频、测评视频等。文学脚本通常只需要规定人物需要做的任务、台词、所选用的镜头和整个短视频的长短。

3. 分镜头脚本

分镜头脚本能将短视频中的每一个画面都体现出来，也能精确地体现出对拍摄镜头的要求。分镜头脚本对拍摄画面的要求极高，适合微电影类短视频的创作，这种类型的短视频一般故事性比较强。

分镜头脚本已经将文字转换成了可以用镜头直接表现的画面，分镜头脚本通常包括画面内容、景别、拍摄技巧、时间、机位、音效等。

分镜头脚本要充分体现短视频所要表达的主题，同时还要通俗易懂，因为它在拍摄中和后期剪辑过程中都会起到关键性的作用。

4.2.3 演员及道具的准备

演员根据文字脚本进行表演（包括唱歌、跳舞等），并根据剧情特色演绎剧情。短视频拍摄所选择的演员大多都是非专业的，在这种情况下，一定要根据短视频的主题慎重进行选择。演员和角色的定位必须要一致，对一个优质的短视频而言，演员贴合角色最重要。

不同类型的短视频对演员的要求也不同，举例如下。

（1）搞笑类脱口秀短视频一般要求演员的表情比较夸张，演员可以用喜剧性的方式生动地诠释台词。

（2）故事叙述类短视频对演员的肢体语言表现力及演技要求较高。

（3）美食类短视频对演员传达食物吸引力的能力有很高的要求，演员最好能自然地表现出美食的诱惑力，以达到突出短视频主题的目的。

（4）生活技巧类、科技数码类、影视混剪类短视频对演员没有太多演技上的要求。

如何才能选到一个合适的演员呢？首先要对短视频脚本中的人物形象加以理解。比如，人物的设定需要会弹手风琴，在挑选演员的时候最好也选择一个具备此项技能的。演员的选择是否合适对短视频最后的效果有至关重要的影响。如果资金不足，在某些情况下，团队中的其他成员也可以灵活扮演演员的角色。

道具指拍摄短视频时所用的器物，如乐器、手机、杯、壶、服装、文具、护肤品、香水、桌、椅、书画、古玩等。短视频拍摄常用道具如表 4-1 所示。

表 4-1 短视频拍摄常用道具

道具类型	具体道具	玩法
才艺展示类道具	吉他、古筝等乐器	歌曲伴奏
	纸	折纸或者纸笔搭配
	笔	转笔技巧，或者是作为魔术表演道具
	手持灯	技术流道具，制造迷幻感
	妖狐面具	戴上可增加神秘感
	电脑	展示游戏技术或者是剪辑特效视频
	扑克牌	魔术展示或者是制作多米诺骨牌效应
整蛊类道具	手机	电话恶搞或者是展示图片、视频
	透明胶带	横贴在门框上，整蛊宠物
	打翻的奶茶	把模拟道具放在电脑上吓唬同伴
	高领毛衣	把毛衣的高领拉高绑在头上

续表

道具类型	具体道具	玩法
趣味搞笑类道具	人偶服装	穿着人偶服在街上派传单
	宠物	宠物跳舞，做托下巴动作等
	无人机	用无人机航拍
	汽车	一字马关后备厢门，汽车里藏私房钱
	围巾	借围巾制造化妆前后的反差造型
	游戏头盔背包	模拟游戏造型
	纸币	作为金钱担当，魔术变钱或者是惊喜礼物
	香水	拍摄喷香水的瞬间
	保鲜膜	新颖的拍摄工具，拍摄出与众不同的风格
情侣互动类道具	口红	制造互动
	游戏机	送给男友的礼物
	相册盒子	送给女友的惊喜礼物
	零食盒	藏礼物
	包	作为惊喜礼物、互动道具
	蛋糕	藏礼物，或者创意蛋糕装饰
	鲜花	装饰、礼物，或者是用 3D 打印机制造鲜花

4.2.4 拍摄场地的准备

在短视频拍摄的过程中，拍摄场地也是很重要的。怎样准备合适的拍摄场地呢？

1. 挑选适合短视频主题风格的拍摄场地

根据不同的拍摄需求，我们除了考虑所选拍摄场地的实际情况是否适合拍摄外，还需要考虑拍摄场地是否与短视频的主题风格一致。挑选的拍摄场地既要和拍摄需求相符合，也要具备合适的光线条件以及一些有特点的场景，这样可以有效避免在拍摄过程中造成资源浪费。

2. 拍摄场地现场布置

拍摄短视频时不仅要选择好拍摄场地，更重要的是对拍摄场地的现场布置。现场布置是拍摄短视频和应对突发情况的前提条件，能确保拍摄工作正常进行。现场氛围与拍摄主题统一，可以帮助没有太多拍摄经验的新人演员快速入戏，取得良好的拍摄效果，从而提高拍摄效率，节省成本。

3. 慎重选景

拍摄短视频时，选景一定要足够慎重，避免因场景选择不当而影响短视频的质量，或者因突发情况而导致拍摄中止，造成不可估量的损失。

4.2.5 拍摄设备的准备

短视频拍摄的新手并不需要购买高端的相机或补光灯等专业的拍摄设备，因为现在手机的拍摄功能已经很强大了，许多品牌的手机基本可以满足一般的拍摄需求。所以在初期资金紧张的情况下，可以使用手机来代替相机进行拍摄。当然，专业的视频拍摄还是需要一些专业的拍摄设备。

1. 摄影设备

短视频拍摄新手对一些拍摄基本技巧或摄影知识并不是很了解，而且购买专业的摄影设备要花费不少资金，所以可以先从手机拍摄入门，选择摄影功能较强大的手机。目前市场上的主流手机如图 4-4 所示。

图4-4　目前市场上的主流手机

专业的视频拍摄也可以考虑用单反相机。单反相机机型的选择需要根据自身情况决定，通常五六千元左右的机型基本可以满足抖音短视频的拍摄需求。如果有更高的拍摄需求，再考虑高端机型。图 4-5 所示为常见的单反相机。

2. 音频设备

音频设备主要指麦克风和声卡。如果只使用手机拍摄，只需购买一个专业的麦克风就可以了，因为手机一般都配备了耳机且具有录音功能。

图4-5　常见的单反相机

3．灯光设备

灯光是影响整个画面质量最关键的因素。一般来说，短视频拍摄新手在刚开始拍摄短视频时，只要尽量把拍摄画面照亮，做到光线均匀就可以了。

为了取得更好的拍摄效果，我们可以选择柔光箱这种价格低、容易买到的灯光设备，也可以考虑搭配几个 LED 灯，这样能使拍出来的短视频效果更好。图 4-6 所示为常见的灯光设备。

图4-6　常见的灯光设备

4. 支架设备

拍摄短视频的时候往往需要固定镜头，单纯靠我们的身体固定容易造成镜头晃动，这个时候就需要借助三脚架这一非常重要的支架设备。

4.3 短视频拍摄的技巧

4-2 短视频拍摄的技巧

短视频拍摄是需要实践练习的活动，涉及很多技巧，如光线的运用、拍摄角度、景深的运用。

4.3.1 光线的运用

拍摄短视频时光线十分重要，好的光线布局可以有效提高画面质量。光线根据其不同的照射方向，通常分为顺光、侧光、逆光、顶光、反射光等。

1. 顺光

顺光指光线的照射方向与拍摄方向是一致的，图 4-7 所示为顺光示意图。由于顺光时被摄对象正面受光均匀，被摄对象的阴影在其背后，所以顺光拍摄的画面很少有阴影，往往比较明亮，这也决定了画面的层次主要依靠被摄对象自身的明度差异或色调关系来体现。顺光拍摄的郁金香如图 4-8 所示。

图4-7 顺光示意图

图4-8 顺光拍摄的郁金香

但顺光拍摄难以表现被摄对象的明暗层次、线条和结构，从而容易导致画面平淡，对比度低，缺乏层次感和立体感。

2. 侧光

侧光指光线的照射方向和拍摄方向基本成 90 度角，光线从侧方照射到被摄对象上。图 4-9 所示为侧光示意图。

侧光是几种基本光线中最能表现层次、线条的光线，主要应用于需要表现强烈的明暗反差或者展现物体轮廓造型的拍摄场景中，最适用于拍摄建筑、雕塑等；

而当运用侧光拍摄人物时，人物面部经常会半明半暗。图 4-10 所示为侧光拍摄的儿童。此时，可以考虑利用反光板等反光体来对人物面部暗处进行一定的补光，以减轻面部的明暗反差。

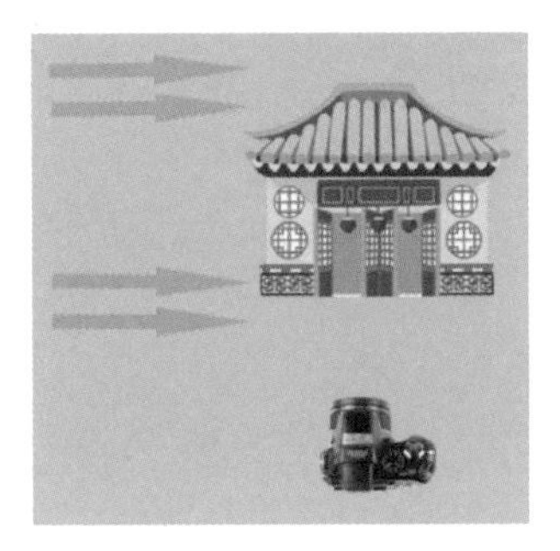

图4-9　侧光示意图

图4-10　侧光拍摄的儿童

3．逆光

逆光是指光线的照射方向与拍摄方向正好相反。图 4-11 所示为逆光示意图。由于光源位于被摄对象之后，光源会在被摄对象的边缘勾画出一条明亮的轮廓线。图 4-12 所示为逆光拍摄的日落。

图4-11　逆光示意图

图4-12　逆光拍摄的日落

逆光拍摄具有极强的艺术表现力，能够增强视觉冲击力。在逆光拍摄中，由于暗部比例增大，很多细节被阴影掩盖，被摄对象以简洁的线条或很少的受光区域突现在画面中，这种大光比、高反差给人以强烈的视觉冲击，从而产生较强的艺术效果。

4．顶光

顶光指光线从被摄对象的顶部照射下来并与拍摄方向成 90 度角，顶光常常出现在正午。图 4-13 所示为顶光示意图。

在拍摄风光题材时，顶光更适合表现表面平坦的景物。如果顶光运用得当，可以为画面带来饱和的色彩、均匀的光影分布和丰富的画面细节。图 4-14 所示为顶光拍摄的风光。

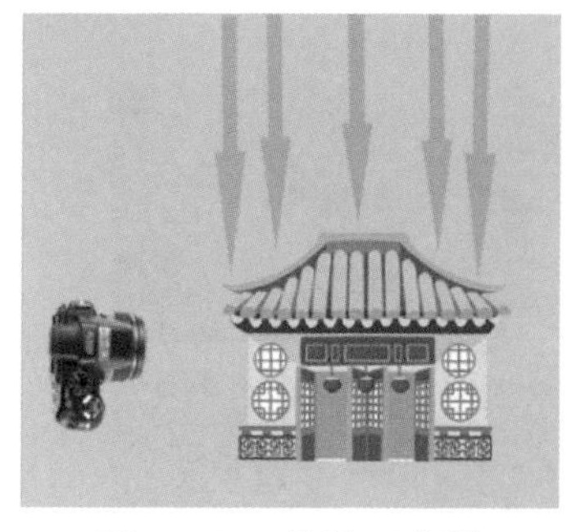
图4-13　顶光示意图

图4-14　顶光拍摄的风光

5. 反射光

反射光指光源发出的光线，不是直接照射被摄对象，而是先对着具有一定反光能力的反光体照明，再由反光体的反射光对被摄对象照明。图 4-15 所示的倒影效果在拍摄时比较常见，这就是由反射光实现的。在平常的拍摄中，最常用的反光体是反光板和反光伞。在影棚摄影中，拍摄者会经常利用这些反射体来进行创作。

图4-15　倒影效果

4.3.2　拍摄角度选择

拍摄中拍摄角度的差异会影响画面中地平线的高低、被摄对象在画面中的位置、被摄对象与背景、前景的距离等。拍摄角度有平拍、仰拍和俯拍之分。

1. 平拍

平拍即镜头的高度与被摄对象的高度位于同一水平线上，这一拍摄角度符合人们的正常视觉习惯，使用广泛。平拍的画面具有正常的透视关系和结构形式，给观者以身临其境的感觉。图 4-16 所示为平拍的风景。

图4-16 平拍的风景

2. 仰拍

仰拍指镜头处于被摄对象以下，由下向上拍摄被摄对象。仰拍的画面有一种独特的仰视效果，主体被突出，显得巍峨、庄严、宏大、有力。图 4-17 所示为仰拍的灯笼。

图4-17 仰拍的灯笼

3. 俯拍

俯拍指镜头高于被摄对象，从高处向低处拍摄被摄对象。图 4-18 所示为俯拍的建筑。由于拍摄角度具有一定的垂直性，俯拍得到的构图能使画面主题更加鲜明，人物在画面中更有张力。

图4–18　俯拍的建筑

正所谓“站得高，看得远”，拍摄城市风光应主动寻找高楼大厦，站在高层向下拍摄，而拍摄乡村田园风光应爬到山坡高处向下拍摄。不过，现在可以使用无人机航拍来实现。

4.3.3　景深的运用

拍摄时，对焦点位置的景物是最清晰的，而对焦点前后一定距离范围内的景物也是十分清晰的，这个前后距离范围的总和，就叫作景深。

浅景深的画面，只有对焦点部分才会清晰地显示，景深外的地方显得十分模糊。浅景深常用来拍摄人像或静物，通过把前景和背景分离来更好地突出主体，图 4-19 所示为运用浅景深拍摄的人像。

图4–19　运用浅景深拍摄的人像

深景深的画面，所有景物都显得十分清晰。深景深一般适用于拍摄风景，如图 4-20 所示。

图4-20 风景

课后习题

一、填空题

1. ____________ 是一种常用的视频拍摄手法，通过将时间压缩，将拍摄的视频在较短的时间内展现出来。

2. ______ 是统领全局的角色，主要对短视频的主要风格、内容方向以及内容的策划和脚本把关。

3. 短视频脚本一般分为 __________、__________ 和 __________，它们分别适用于拍摄不同类型的短视频。

4. 好的光线布局可以有效提高画面质量。光线根据其不同的照射方向，通常分为 __________、__________、__________、__________ 和 __________ 等。

二、思考题

1. 短视频拍摄的一般性要求有哪些？
2. 短视频拍摄的前期准备有哪些？
3. 短视频拍摄需要注意的问题有哪些？

三、实训操作题

根据不同的拍摄角度拍摄短视频，具体任务如下。

1. 练习仰拍、平拍短视频，可参考图 4-21 和图 4-22。

图4–21　仰拍树木

图4–22　平拍风景

2. 练习俯拍短视频，可参考图 4-23 的俯拍建筑。

图4–23　俯拍建筑

第5章

抖音短视频的拍摄与特效应用

学习目标

- 熟练掌握如何用抖音拍摄短视频
- 熟练掌握抖音短视频的特效应用

随着短视频行业的快速发展，短视频 App 不仅在数量上呈现指数级增长趋势，并且在功能上有了很大的创新和进步。抖音这一短视频 App 具备多种拍摄短视频的功能，而且自带的编辑功能也十分强大，能够让创作者方便地拍摄和制作精彩的短视频。本章将分别介绍拍摄抖音短视频和抖音短视频的特效应用。

5.1 拍摄抖音短视频

为什么有些短视频很火？因为它们的创作者知道怎样制作出高品质的短视频——封面、文案、背景音乐、特效的运用等一个也不能少。

5.1.1 封面选取

抖音短视频的封面可以吸引用户，因此选取好封面十分重要。在封面的选取上，创作者需要结合自己的短视频内容去选择。选择的封面要满足以下要求。

（1）用户能从封面中看到实用、有价值的信息。

（2）用户能通过封面知道短视频的内容是什么。

抖音在默认情况下将第 1 帧画面用作短视频的封面，创作者可以根据需要更改封面，具体操作步骤如下。

（1）打开抖音，进入“本地草稿箱”界面，点击要编辑的短视频，如图 5-1 所示。

（2）进入“发布”界面，点击封面下方的“选封面”，如图 5-2 所示。

图5-1　点击要编辑的短视频

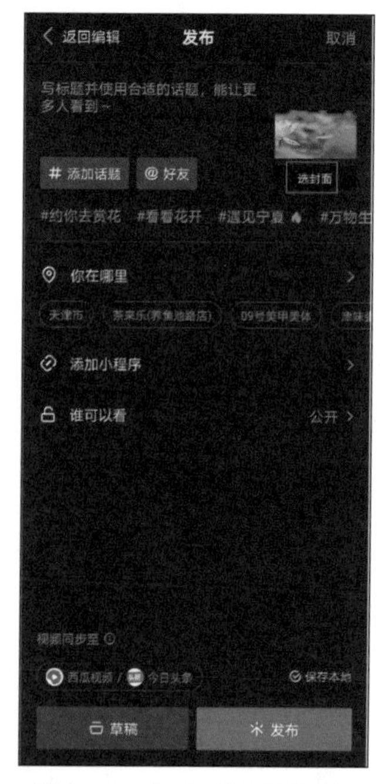

图5-2　点击“选封面”

（3）选择要作为封面的画面，然后点击右上角的“保存”，如图 5-3 所示。

（4）进入“发布”界面，可以查看更改后的封面，如图 5-4 所示。

图5-3　点击“保存”

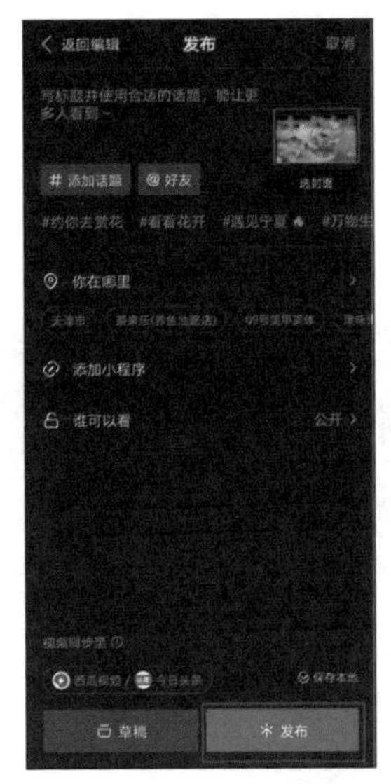

图5-4　查看更改后的封面

5.1.2　文案创作

对创作者来说，掌握短视频的拍摄技巧是必不可少的，但创作出短视频的优质文案更是重中之重。优质的文案能吸引用户直接观看短视频，因此，文案在一定程度上决定了用户的观看欲望。

文案要简明、扼要地切中用户真实、急切的需求，也就是需要找准用户真正的痛点，这样的文案才对用户有吸引力，激起用户想要进一步了解短视频的欲望。

那么，如何才能写出好文案呢？

（1）搭建文案框架，即列好文案写作大纲，以确定文案的创作方向。在搭建文案框架时，一定要弄清 4 个问题：文案的观看用户是谁，文案要传递什么信息，文案可以带给用户怎样的情感体验，文案会产生什么影响。

（2）找到文案的切入点。搭建好文案框架后，要对所了解和掌握的信息进行筛选、整理和加工，确定短视频内容的主题，从而找到文案的切入点。

（3）根据已有的信息，选取一个角度思考，将短视频的信息转化成用户看得懂而且能打动用户的文字，形成文案。

短视频文案的类型和格式不是固定的，但都要遵循一个共同原则，即调动用户的情感，引发用户的共鸣。

5-1　选好背景音乐

5.1.3　选好背景音乐

要想让创作的短视频获得足够高的人气和热度，就要为其配上十分恰当的背景音乐。背景音乐具有强烈的表现力，可以迅速与短视频结合起来，增强短视频的表达效果，让观者的情感与短视频的内容融合在一起。在抖音短视频中添加背景音乐的具体操作步骤如下。

（1）打开抖音，点击底部的“+”，如图 5-5 所示。

（2）进入拍摄界面，在上方点击“选择音乐”，如图 5-6 所示。

图5–5　点击“+”

图5–6　点击“选择音乐”

（3）进入“选择音乐”界面,在“歌单分类”右侧点击“查看全部”,如图 5-7 所示。

（4）进入“歌单分类”界面，点击喜欢的分类，此处以“山水画”为例，如图 5-8 所示。

（5）通过上下滑动屏幕来查看音乐列表，选择要使用的音乐，然后点击右侧的“使用”按钮，如图 5-9 所示，点击，可以收藏音乐。

（6）添加音乐拍摄完毕后，还可以剪取音乐和调整音量大小，选择音乐文件，点击“剪音乐”选项，如图 5-10 所示。

（7）左右滑动声谱以剪取音乐，剪取完成后点击按钮，如图 5-11 所示。

（8）在下方点击“音量”选项，调整视频原声与配乐的音量大小，然后点击按钮，如图 5-12 所示。

（9）在选择音乐时，也可以直接在搜索框中搜索音乐名，如图 5-13 所示。

图5-7　点击“查看全部”

图5-8　点击“山水画”

图5-9　点击“使用”按钮

图5-10　点击“剪音乐”按钮

图5-11　剪取音乐

图5-12　点击“音量”

图5-13　选择音乐

5.1.4　分段拍摄

（1）打开抖音，点击底部的“+”，进入拍摄界面，点击下方的红色圆圈开始拍摄，如图 5-14 所示。

（2）在拍摄过程中，松开红色圆圈，即可完成第 1 段视频的拍摄，如图 5-15 所示。

图5-14　进入拍摄界面

图5-15　松开红色圆圈

（3）采用同样的方法，继续拍摄第 2 段视频。拍摄完成后，点击右下方的✓按钮，如图 5-16 所示。

（4）进入视频编辑界面，点击“特效”选项，如图 5-17 所示。

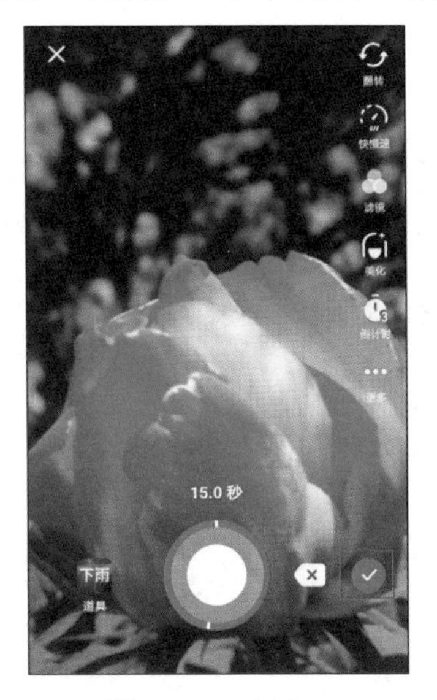

图5–16　点击✓

图5–17　点击“特效”

（5）在下方点击“转场”，在视频条上拖动进度滑块到两段视频衔接的位置，然后点击需要的转场特效，如图 5-18 所示，设置后，点击右上方“保存”按钮。

（6）在视频编辑界面中选择“滤镜”，可以为视频应用所需的滤镜效果，如图 5-19 所示，在应用滤镜效果时，可以通过左右滑动屏幕来切换滤镜。

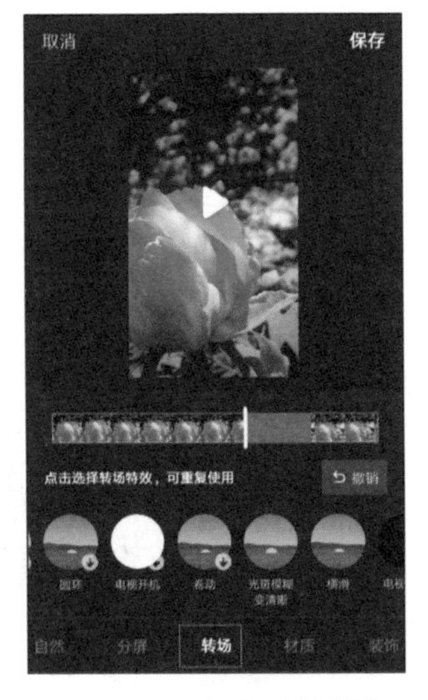

图5–18　点击“转场”

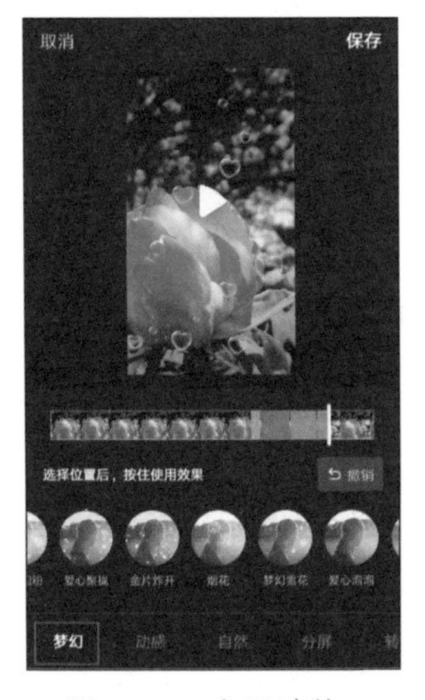

图5–19　应用滤镜

（7）在分段拍摄时，可以先保存为草稿，然后返回继续拍摄。在抖音短视频 App 中打开“本地草稿箱”界面，选择分段拍摄的视频，如图 5-20 所示。

（8）进入“发布”界面，点击左上方的“返回编辑”，如图 5-21 所示。

（9）进入视频编辑界面，点击左上方的“继续拍摄”，如图 5-22 所示。

图5-20　选择分段拍摄的视频

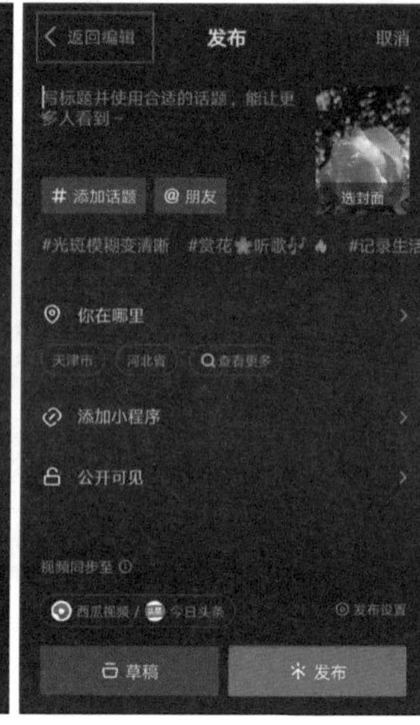

图5-21　点击“返回编辑”

图5-22　点击“继续拍摄”

5.1.5　使用美化功能

抖音自带的美化功能还不错，美化的程度也可以自行设置调节。许多抖音用户在拍摄短视频时对美化功能的应用是十分看重的。

下面将介绍在拍摄抖音短视频时如何使用美化功能，具体操作步骤如下。

（1）打开抖音，点击下方的“+”，如图 5-23 所示。

（2）进入拍摄界面，在右上方点击“美化”，如图 5-24 所示。

（3）在下方点击“美颜”，调整“磨皮”“瘦脸”“大眼”“清晰”“小脸”等参数，如图 5-25 所示。

（4）在右上方点击“滤镜”，然后选择想要的滤镜，如点击“纯净”，如图 5-26 所示。

图5-23　点击“+”

（5）还可以通过左右滑动屏幕来切换滤镜，如图 5-27 所示。

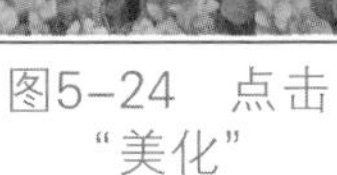

图5-24　点击“美化”

图5-25　调整美颜参数

图5-26　点击“纯净”

图5-27　切换滤镜

5.1.6　使用快慢速拍摄

用户在使用抖音拍摄短视频的过程中，不仅可以使用美化功能，还可以自主调节拍摄速度。快慢速调整功能有助于用户找准节奏，调整音乐和短视频的匹配度。另外，不同的拍摄速度也能有效避免内容的同质化，因为即使是相似的内容，不同的拍摄速度所展现出的效果也是不同的。

在抖音中可以通过“快慢速”功能控制拍摄速度，具体操作步骤如下。

（1）打开抖音，点击下方的“+”，进入拍摄界面。先点击“快慢速”，再点击“慢”，切换为慢速拍摄模式，如图 5-28 所示。

（2）在拍摄过程中可以随时暂停，并点击“快”切换为快速拍摄模式，如图 5-29 所示。

图5-28　切换为慢速拍摄模式

图5-29　切换为快速拍摄模式

需要注意的是，在拍摄过程中若随意切换快慢速度，容易导致短视频出现卡顿现象。在进行快慢速拍摄时，当我们选择用“极快”拍摄时，短视频录制的速度却是最慢的；而选择用“极慢”拍摄时，短视频录制的速度却是最快的。其实，这里所说的速度并不是我们看到速度的快慢，而是镜头捕捉速度的快慢。

5.1.7 使用倒计时拍摄

5-2 使用倒计时拍摄

使用倒计时功能可以实现自动暂停拍摄，以拍摄多个片段，并且可以通过设置拍摄时间来卡点音乐节奏，具体操作步骤如下。

（1）打开抖音，点击“+”，进入拍摄界面，选择分段拍。在左下角点击“道具”，如图 5-30 所示。

（2）打开道具列表，点击“氛围”，选择“立秋”，如图 5-31 所示。

（3）在界面右侧点击“倒计时”，如图 5-32 所示。

图5-30 点击“道具”

图5-31 选择“立秋”

图5-32 点击“倒计时”

（4）拖动时间线设置拍摄时间，然后点击“开始拍摄”，拍摄第 1 段短视频，如图 5-33 所示。

（5）拍摄完成后，再次点击“倒计时”，如图 5-34 所示。

（6）拖动时间线，设置第 2 段短视频的暂停设置，然后点击“开始拍摄”，如图 5-35 所示。

图5-33 拍摄第1段短视频

图5-34 再次点击“倒计时”

图5-35 点击“开始拍摄”

（7）继续倒计时拍摄其他短视频片段，在开始拍摄新的一段短视频之前，可以根据需要进行拍摄设置，如更改道具、翻转镜头、设置快慢速等。例如，在拍摄第3段短视频时，应用道具“花瓣开幕”，如图5-36所示。

（8）在拍摄第4段短视频时，应用道具“彩虹光斑”，如图5-37所示。

图5-36 应用道具“花瓣开幕”

图5-37 应用道具“彩虹光斑”

（9）拍摄完成后，点击右侧的“√”，进入短视频编辑界面，预览效果，如图 5-38 所示。若不需要更改，点击右下方的“下一步”。

（10）进入“发布”界面，点击“发布”即可发布短视频，如图 5-39 所示。若暂时不打算发布，则点击“草稿”将短视频保存在草稿箱中。

注意，在使用倒计时拍摄时，音乐若要适应短视频的节奏，就要先添加音乐。这样在设置倒计时的时候，即可根据音乐的节奏选择暂停位置，如图 5-40 所示。

图5-38　预览效果

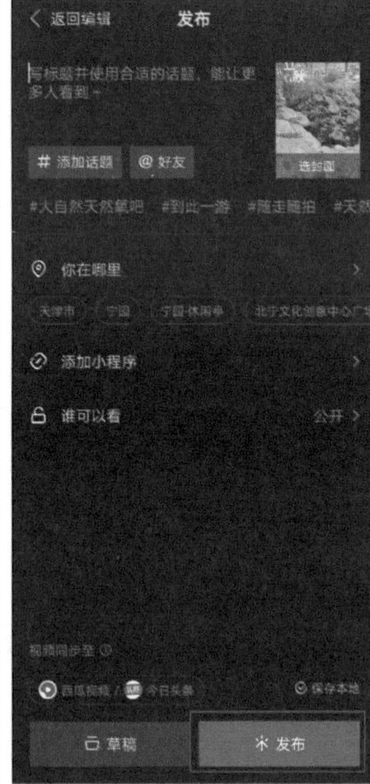

图5-39　点击“发布”

图5-40　添加音乐

5.1.8　合拍拍摄

利用抖音的合拍拍摄可以在一个短视频界面中同时显示他人，该功能满足了很多用户想和自己喜欢的人合拍的心愿。合拍拍摄的具体操作步骤如下。

（1）找到要合拍的短视频，点击右下方表示“分享”的图标，如图 5-41 所示。

（2）在弹出的面板中点击“合拍”，如图 5-42 所示。

（3）进入分屏合拍界面，右侧为原视频，左侧为合拍视频，点击红色圆圈，即可进行合拍拍摄，如图 5-43 所示。

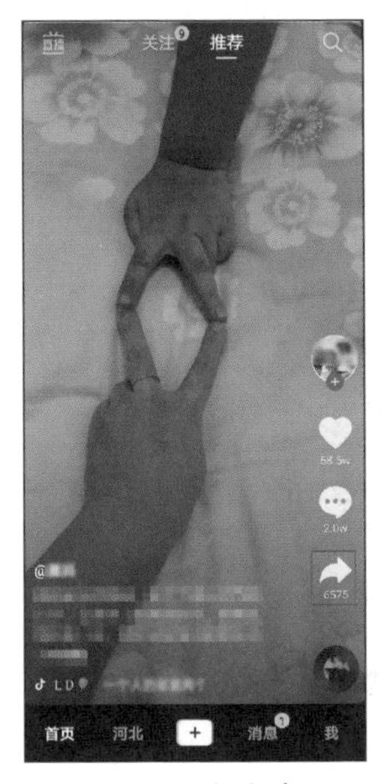

图5-41 点击表示“分享”的图标

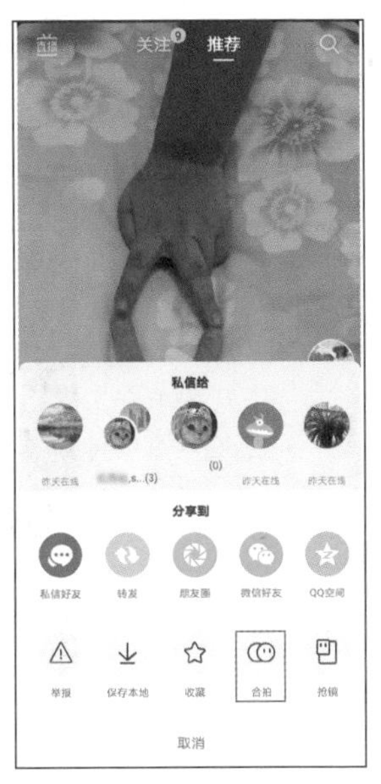

图5-42 点击“合拍”

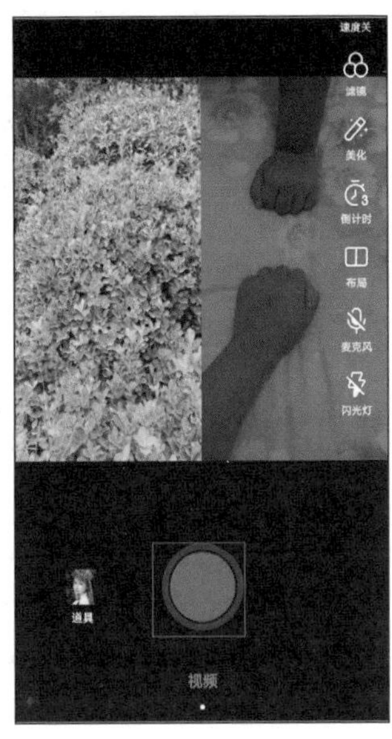

图5-43 合拍拍摄

5.2 抖音短视频的特效应用

抖音短视频拍摄完成后，可以根据需要进行后期处理，如为短视频应用梦幻特效、分屏特效、时间特效等。

5.2.1 应用梦幻特效

抖音目前已经有多种梦幻特效，用户选择需要应用梦幻特效的画面，然后长按需要的梦幻特效便能实现一键应用，一段短视频还可以同时应用多种梦幻特效。为短视频应用梦幻特效，可以使其更加酷炫和富有创意，具体操作步骤如下。

（1）打开抖音，在界面下方点击“我”，如图5-44所示。进入个人账户界面，点击“本地草稿箱”。

（2）进入“本地草稿箱”界面，选择要编辑的短视频，如图5-45所示。

（3）进入“发布”界面，点击“返回编辑”，如图5-46所示。

（4）在短视频编辑界面点击“特效”，如图5-47所示。

（5）进入特效编辑界面，此时能看到多种梦幻特效。拖动滑块定位短视频位置，然后按住需要应用的梦幻特效，如“百叶窗”特效，如图5-48所示，开始播放短视频并应用特效，松开后即可停止应用特效。

图5-44　点击“我”

图5-45　选择要编辑的短视频

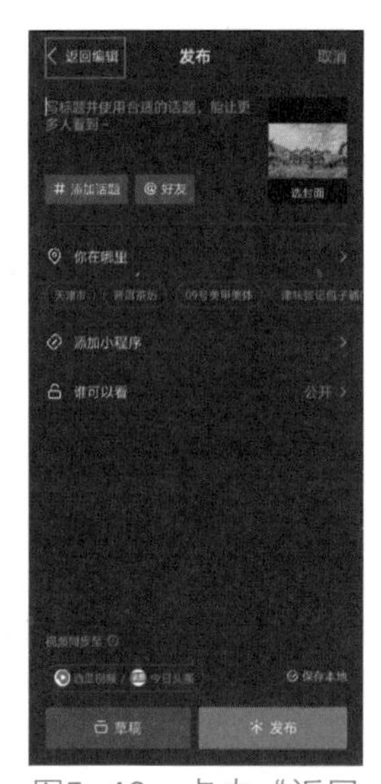

图5-46　点击“返回编辑”

图5-47　点击“特效”

图5-48　应用“百叶窗”特效

5.2.2　应用分屏特效

抖音的分屏特效能让用户拥有“分身术”，用短视频演绎无限的精彩。应用分屏特效的具体操作步骤如下。

（1）在短视频编辑界面中点击“特效”，如图 5-49 所示。

（2）在下方点击“分屏”，如图 5-50 所示。

（3）选择需要应用的分屏特效，如“黑白三屏”，如图 5-51 所示，按住“黑白三屏”不放即可应用该特效。

图5-49　点击“特效”

图5-50　点击“分屏”

图5-51　应用“黑白三屏”特效

（4）为要应用分屏特效的短视频片段应用“六屏”特效，如图 5-52 所示。

（5）为要应用分屏特效的短视频片段应用“九屏”特效，如图 5-53 所示。

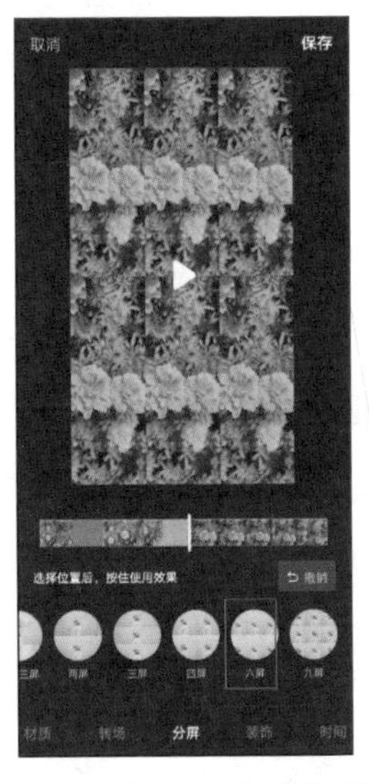

图5-52　应用“六屏”特效

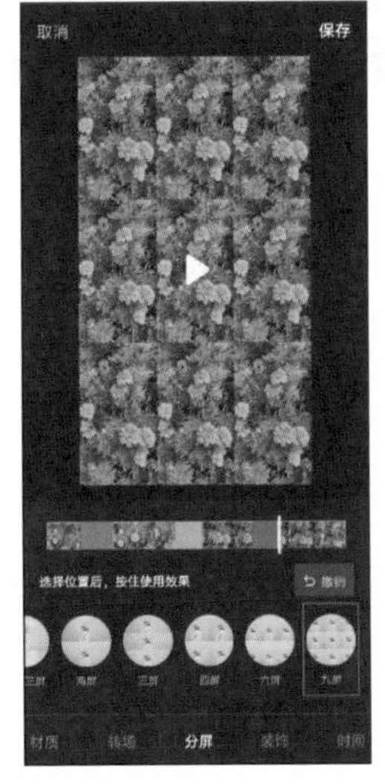

图5-53　应用“九屏”特效

5.2.3　应用时间特效

抖音的时间特效包括时光倒流、反复和慢动作 3 种，应用时间特效的具体操作步骤如下。

（1）在短视频编辑界面中点击“特效”，然后在下方点击“时间”，再点击“时光倒流”，即可生成短视频回放效果，如图 5-54 所示。

（2）点击“反复”，拖动滑块调整使用“反复”特效的位置，再次点击“反复”，即可查看效果，如图 5-55 所示。

（3）点击“慢动作”，拖动滑块调整使用“慢动作”特效的位置，再次点击“慢动作”，即可查看效果，如图 5-56 所示。

图5-54　应用“时光倒流”特效

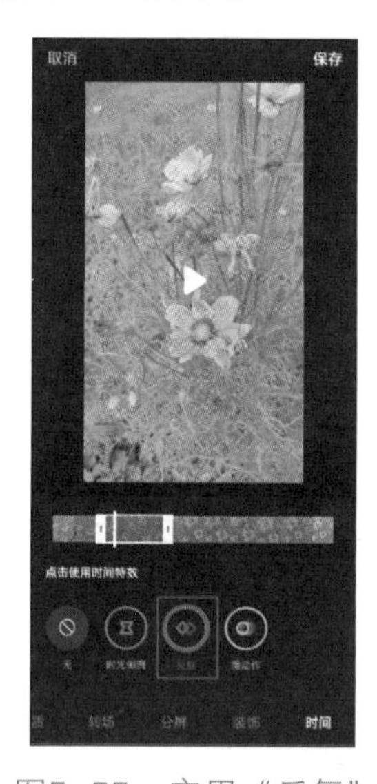

图5-55　应用“反复”特效

图5-56　应用“慢动作”特效

5.2.4　添加贴纸

编辑抖音短视频时可以为其添加有趣的贴纸，具体操作步骤如下。

（1）在短视频编辑界面右侧点击“贴纸”，在弹出的“贴图”面板中选择要使用的贴纸，如图 5-57 所示。

（2）选择的贴纸会出现在短视频中，拖动贴纸调整好位置后，即为短视频添加好了贴纸，如图 5-58 所示。

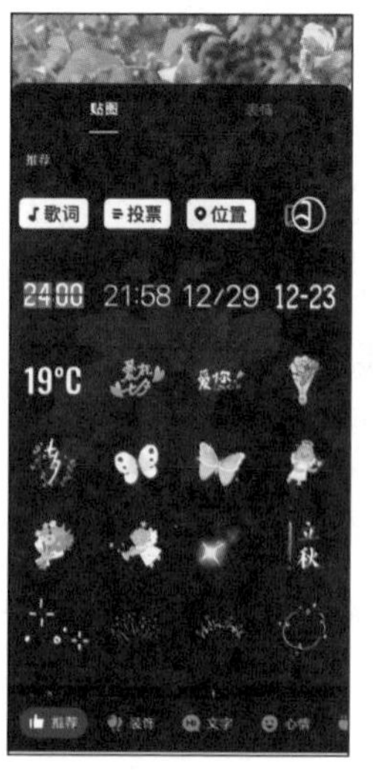

图5-57　选择贴纸

图5-58　添加贴纸

课后习题

一、填空题

1. 抖音短视频的 ________ 可以吸引用户，因此选好 ________ 十分重要。

2. 对创作者来说，掌握短视频的拍摄技巧是必不可少的，但写好短视频的 ________ 更是重中之重。________ 是吸引用户观看短视频的直观部分，优质的 ________ 在一定程度上决定了用户的观看欲望。

3. ________ 功能有助于用户找准节奏，调整音乐和短视频的匹配度。

4. 抖音的 ________ 特效能让用户拥有“分身术”，用短视频演绎无限的精彩。

二、思考题

1. 怎样选好短视频的封面？
2. 如何才能写好短视频的文案？
3. 怎样选择好的背景音乐？
4. 怎样在短视频中应用时间特效？

三、实训操作题

为短视频应用不同的分屏特效，具体任务如下。

先后为一段短视频应用“三屏”“六屏”特效，可参考图5-59。

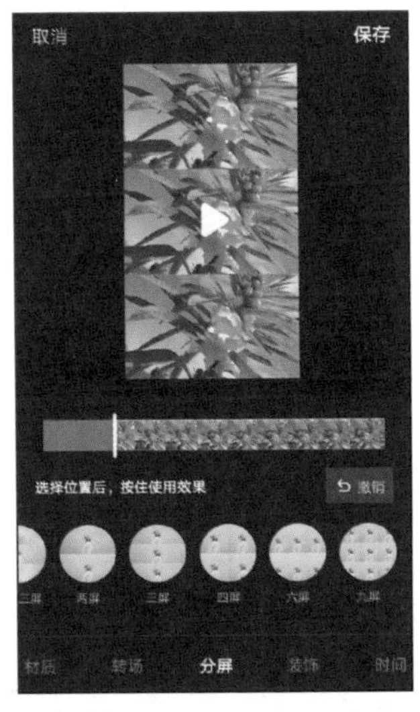

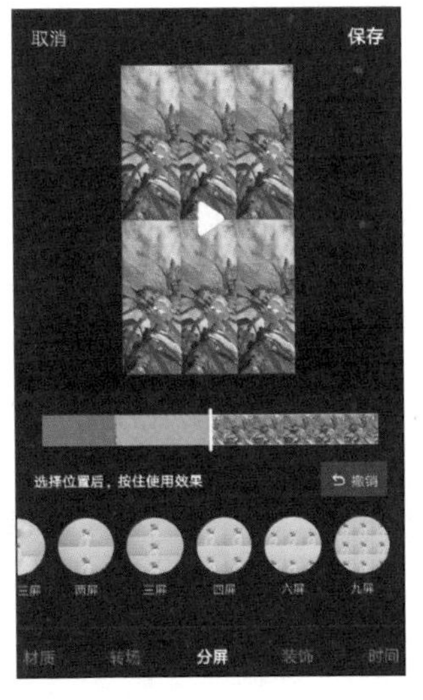

图5-59　应用不同的分屏特效

第6章

使用剪映编辑与制作短视频

学习目标

- 了解剪映的界面
- 熟练掌握使用剪映进行短视频剪辑
- 熟练掌握使用剪映制作特效

剪映是抖音官方推出的一款手机视频编辑工具，可用于短视频的剪辑、制作和发布。剪映能够让我们轻松地对短视频进行各种编辑，包括卡点、增加画中画、应用特效、倒放、变速等，其专业滤镜、精选贴纸等能为短视频增加乐趣。本章将介绍剪映的界面、使用剪映进行短视频剪辑和使用剪映制作特效等内容。

6.1 剪映的界面

剪映是一款视频编辑工具，功能也很多。剪映的操作很容易，十分实用，可以帮助大家剪辑出很有趣的短视频。

下面介绍剪映的界面，让大家对剪映有初步的认识。

（1）打开剪映，点击界面中的“开始创作”，从相册中导入素材进行创作，如图 6-1 所示。

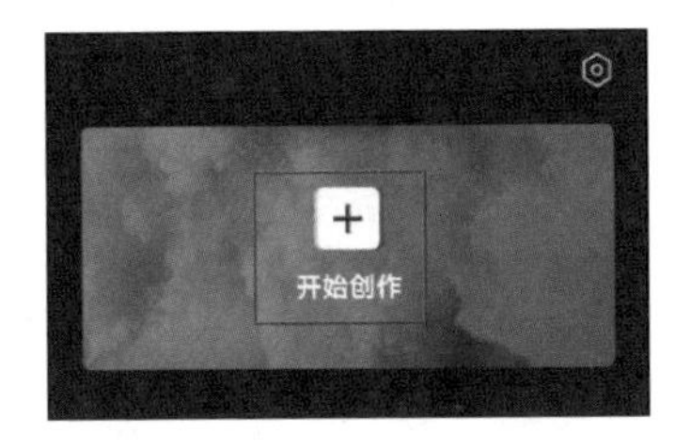

图6-1 点击“开始创作”

（2）下面主要是“剪辑”“模板”“图文”“云备份”如图 6-2 所示。

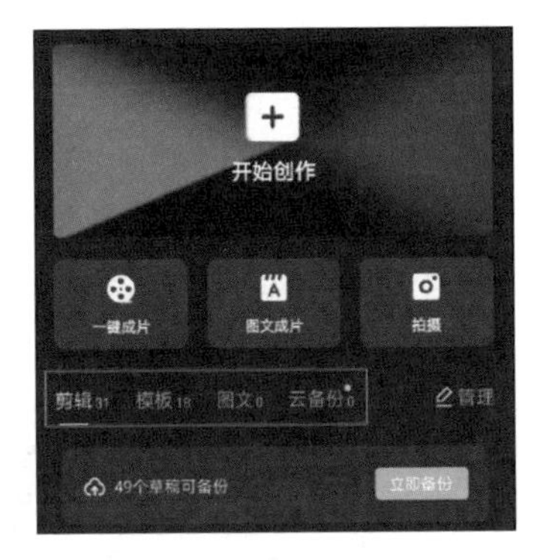

图6-2 草稿箱

（3）点击“管理”，可以单个删除或者批量删除草稿箱中的视频，如图 6-3 所示。

（4）点击右上角的“设置”图标，进入图 6-4 所示的“设置”界面，此界面包括自动添加片尾、意见反馈、用户协议、隐私条款和版本号等信息。

（5）点击“开始创作”导入短视频后，进入图 6-5 所示的视频编辑界面，上方的 3 个图标从左至右依次表示关闭界面、放大视频和导出视频。

图6-3 点击“管理”

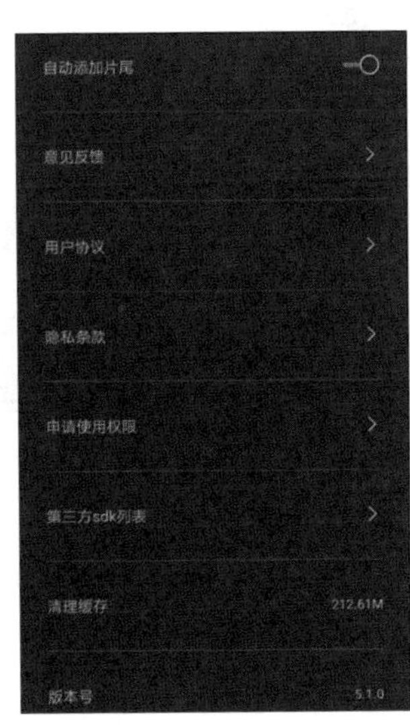

图6-4 “设置”界面

图6-5 视频编辑界面

图 6-5 的中间是预览框，再往下就是时间轴，它可以左右来回滑动，并显示当前画面所在的时间点与视频的总时长。

最底下是功能栏，包括剪辑、音频、文字、贴纸、画中画等，我们可以借助功能栏对短视频进行基础操作，包括分割、变速、旋转、倒放等，还可以为短视频添加丰富的文本样式和应用多种特效。

6.2 使用剪映进行短视频剪辑

剪映可以轻松制作各种酷炫的短视频，功能非常强大，本节就介绍如何使用剪映进行短视频剪辑。

6.2.1 调整短视频的时长

下面将讲述如何使用剪映调整短视频的时长，具体操作步骤如下。

（1）打开剪映，点击“开始创作”，如图 6-6 所示。

（2）选择想要剪辑的短视频，如图 6-7 所示。

图6–6　点击“开始创作”

图6–7　选择想要剪辑的短视频

（3）点击底部的“添加”按钮，如图 6-8 所示。

（4）短视频导入成功后即可进入短视频编辑界面，如图 6-9 所示。

（5）点击视频轨道，此时最下方的工具栏区域会显示各种视频编辑功能，如图 6-10 所示。

（6）滑动视频轨道，使想要作为视频起点的画面对准白色竖线，点击下方工具栏中的“分割”。同样，把想要作为视频终点的画面对准白色竖线，点击下方工具栏中的“分割”。这样就把视频调整至需要的时长了，如图 6-11 所示。

图6-8　点击“添加”按钮

图6-9　短视频编辑界面

图6-10　点击视频轨道

图6-11　点击“分割”

（7）如果刚才剪辑的视频的起点和终点需要调整，可以点击视频轨道，这时我们会看到视频的首尾出现可拖动的滑块，如图 6-12 所示。

（8）拖动视频起点或终点的滑块就可以重新调整要保留的部分了，如图 6-13 所示。

图6-12　点击视频轨道

图6-13　调整起点和终点

6.2.2　添加多个轨道

我们用剪映剪辑短视频时，有时会添加不同的轨道。下面讲述如何用剪映添加多个轨道，具体操作步骤如下。

（1）打开剪映，导入短视频，如图 6-14 所示。

（2）进入视频编辑界面，点击视频轨道下面的“添加音频”，如图 6-15 所示。

图6-14　导入短视频

图6-15　点击“添加音频”

（3）进入图 6-16 所示的界面，点击底部的“音乐”。

（4）进入“添加音乐”界面，选择想要添加的音乐，点击音乐后面的“使用”，即可添加音乐，如图 6-17 所示。

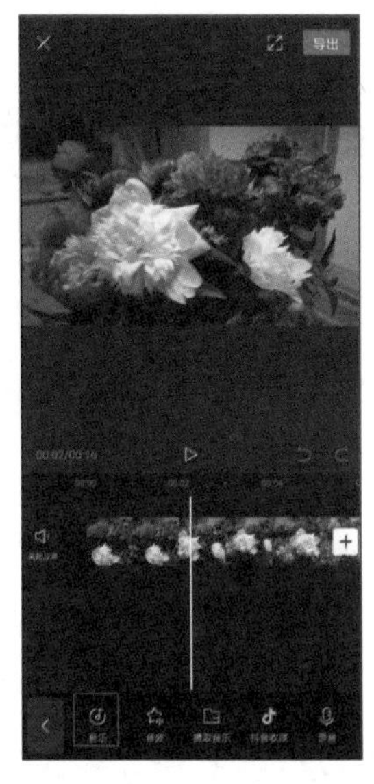

图6–16　点击底部的“音乐”

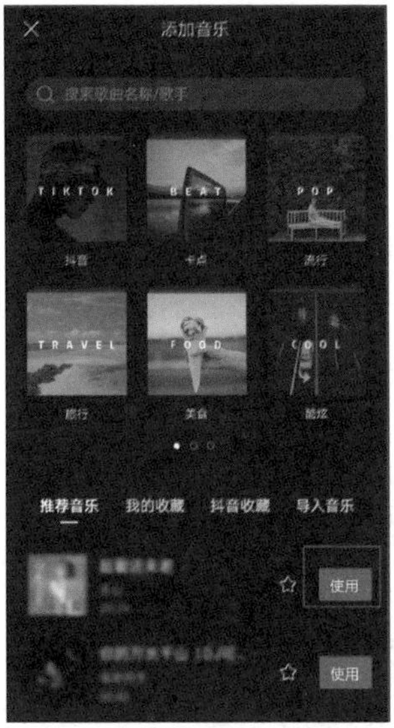

图6–17　点击音乐后面的“使用”

（5）点击底部最左侧的图标，如图 6-18 所示。

（6）进入图 6-19 所示的界面，点击底部的“文字”。

图6–18　点击底部最左侧的图标

图6–19　点击“文字”

（7）进入文本编辑界面，下方有新建文本、文字模板、识别字幕、识别歌词以及添加贴纸几个选项，点击“识别歌词”，如图 6-20 所示。

（8）点击“开始识别”，如图 6-21 所示。

（9）歌词识别成功后，即完成了添加歌词轨道，如图 6-22 所示。

图6–20　点击“识别歌词”

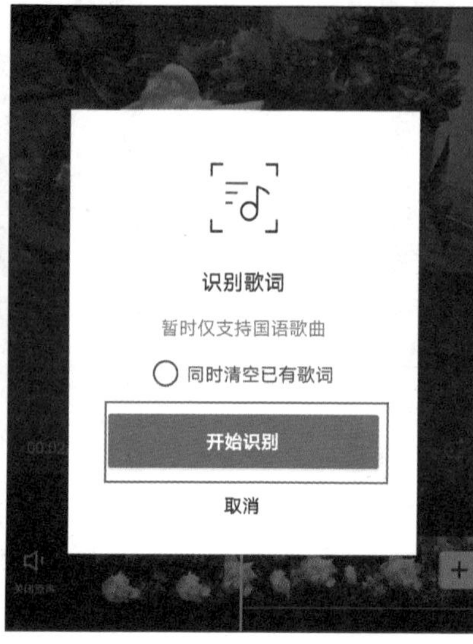

图6–21　点击“开始识别”

图6–22　添加歌词轨道

（10）在工具栏中点击“特效”还可以添加特效轨道，如图 6-23 所示。

音频、特效可以拥有多条轨道，从而实现同时添加多个音频、多种特效，为短视频带来不一样的效果。

图6–23　添加特效轨道

6.2.3　添加贴纸

通过剪映给短视频添加贴纸，可以让短视频变得更有特色、更美观，让短视频的效果更好。用剪映给短视频添加贴纸的具体操作步骤如下。

（1）打开剪映，导入短视频，点击底部的“贴纸”，如图 6-24 所示。

（2）界面中有很多贴纸的分类，先点击图片图标，添加手机里的照片作为贴纸，如图 6-25 所示。

（3）在弹出的界面中选择想要添加的照片，如图 6-26 所示。

（4）这样就将照片添加到视频中作为贴纸了，如图 6-27 所示。

图6-24 点击“贴纸”

图6-25 点击图片图标

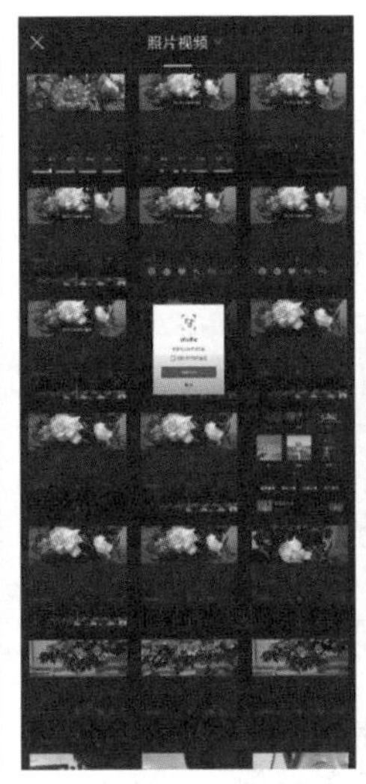

图6-26 选择照片

图6-27 添加照片作为贴纸

（5）也可以缩放、移动照片，以达到最佳效果，如图 6-28 所示。

（6）还可以在“贴纸”中选择其他贴纸，点击相应的贴纸即可将其添加到短视频中，如图 6-29 所示。

图6-28 缩放、移动照片

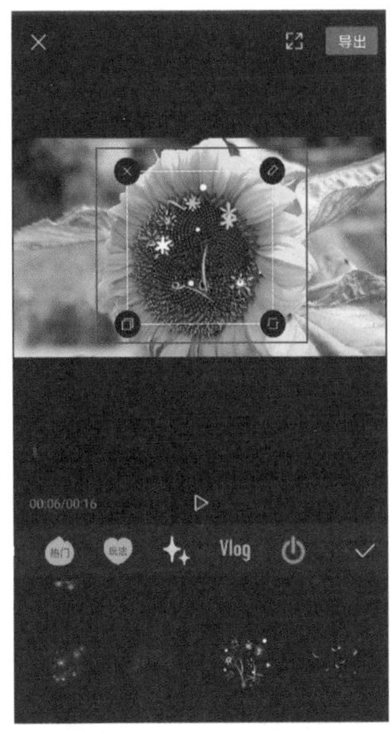

图6-29 添加贴纸

6.2.4 更改字幕的大小和位置

使用剪映更改字幕大小和位置的具体操作步骤如下。

（1）打开剪映，导入短视频，点击底部的“文字”，如图 6-30 所示。

（2）点击“新建文本”，如图 6-31 所示。

图6-30　点击“文字”

图6-31　点击“新建文本”

（3）此时视频中会显示“输入文字”，如图 6-32 所示。

（4）输入文字“鱼戏莲叶”，如图 6-33 所示。

图6-32　短视频中显示的“输入文字”

图6-33　输入文字“鱼戏莲叶”

（5）为输入的文字设置字体、颜色等，如图 6-34 所示。

（6）按住并滑动视频中文字框右下角的图标，即可扩大或缩小字幕。图 6-35 所示为扩大字幕。

（7）按住视频中文字框，左右拖动即可更改字幕的位置，如图 6-36 所示。

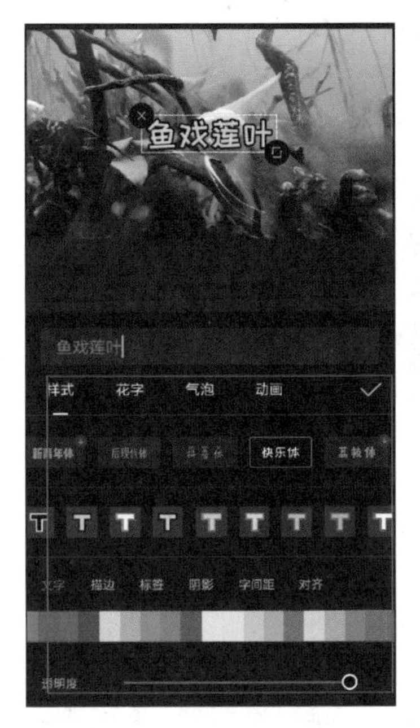

图6-34 设置字体、颜色等

图6-35 扩大字幕

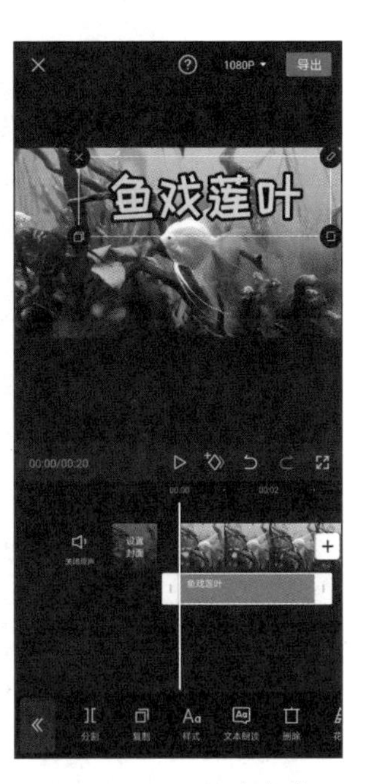

图6-36 更改字幕的位置

6.2.5 调整短视频的播放速度

如果想将短视频的播放速度放慢或加快，应该怎么操作呢？以下为使用剪映调整短视频播放速度的具体操作步骤。

（1）打开剪映，导入短视频，点击底部的“剪辑”，如图 6-37 所示。

（2）进入剪辑界面，点击底部的“变速”，如图 6-38 所示。

（3）以调整常规变速为例，点击“常规变速”，如图 6-39 所示。

（4）进入图 6-40 所示的界面，左右拖动红色圆圈或直接点击播放倍数，即可调整视频的播放速度，调整后点击“√”。

（5）如果想调整曲线变速，点击“曲线变速”后，在弹出的界面中选择需要的变速类型即可，调整后点击“√”如图 6-41 所示。

图6-37 点击“剪辑”

图6-38 点击“变速”

图6-39 点击“常规变速”

图6-40 调整常规变速

图6-41 调整曲线变速

6.2.6 自动添加歌词

6-1 自动添加歌词

利用剪映剪辑短视频的时候，用键盘手动输入歌词不方便，那么怎样使用剪映自动添加歌词呢？具体操作步骤如下。

（1）打开剪映，导入短视频，点击视频轨道下方的“添加音频”，如图 6-42 所示。

（2）在出现的界面中点击“音乐”，如图 6-43 所示。

图6–42 点击“添加音频”

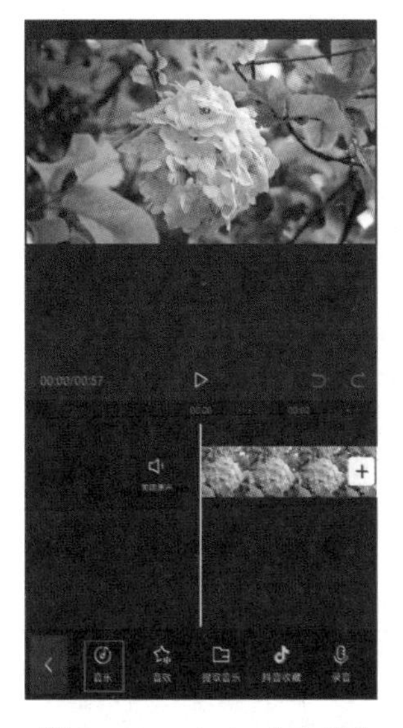

图6–43 点击“音乐”

（3）进入“添加音乐”界面，点击想要添加的音乐，如图 6-44 所示。
（4）点击音乐名后的“使用”，如图 6-45 所示。

图6–44 点击想要添加的音乐

图6–45 点击“使用”

（5）成功添加音乐后，点击底部最左侧的图标，如图 6-46 所示。
（6）点击底部的“文字”，如图 6-47 所示。
（7）在出现的界面中点击“识别歌词”，如图 6-48 所示。

（8）在弹出的界面中点击“开始识别”，如图 6-49 所示。

（9）歌词识别成功后，就可以看到视频中已有自动生成的歌词，如图 6-50 所示。

图6-46　点击底部最左侧的图标

图6-47　点击“文字”

图6-48　点击“识别歌词”

图6-49　点击“开始识别”

图6-50　自动生成的歌词

6.2.7　设置短视频的分辨率

在使用剪映编辑短视频时，我们常常会遇到分辨率不理想的问题，怎样设置短视频的分辨率以及怎么把分辨率提高呢？具体操作如下。

（1）打开剪映导入短视频，点击右上角的设置分辨率，如图 6-51 所示。

（2）进入图 6-52 所示的界面，左右拖动滑块以设置短视频的分辨率，设置完成后点击“导出”。

图6-51　导入短视频

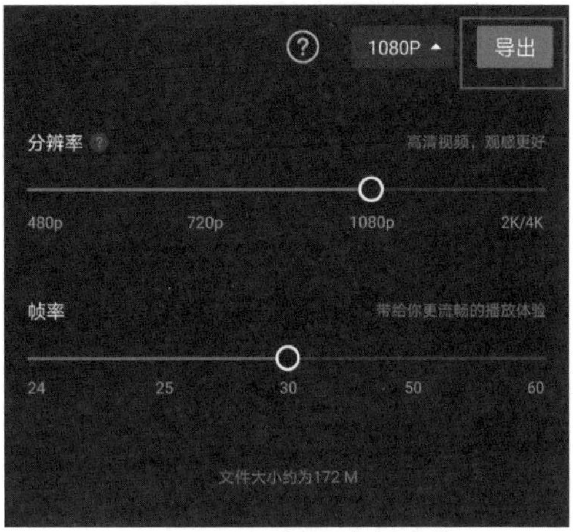

图6-52　设置分辨率

（3）界面提示“正在导出，请不要锁屏或切换程序”，如图 6-53 所示。

（4）导出完毕，点击底部的“完成”即可，如图 6-54 所示。

图6-53　导出短视频

图6-54　导出完毕

6.2.8 调整短视频的顺序

在剪辑多段短视频的时候，有时为了取得更好的效果，需要调整几段短视频的顺序。怎样调整短视频的顺序呢？具体操作步骤如下。

（1）打开剪映，导入两段短视频，如图 6-55 所示。

（2）长按其中一段短视频并左右滑动，便可以调整短视频的顺序了，如图 6-56 所示。

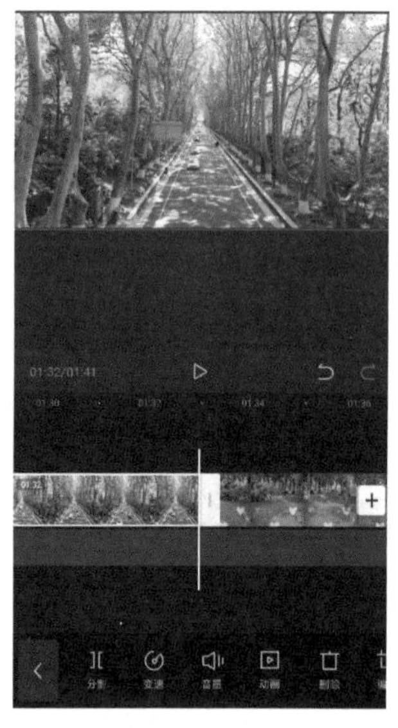

图6–55　导入两段短视频

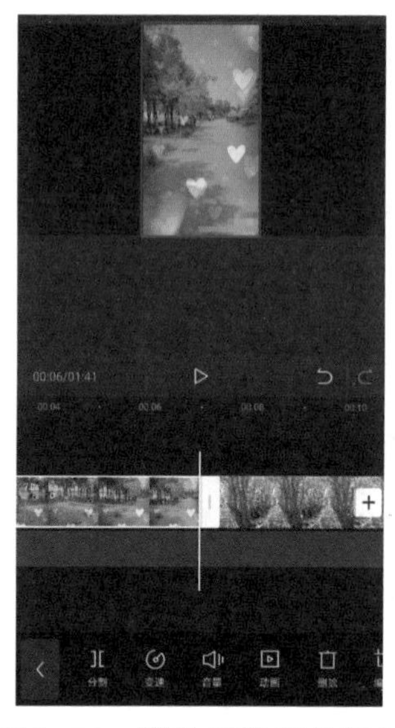

图6–56　调整短视频的顺序

6.3 使用剪映制作特效

剪映为广大用户提供了各种丰富的特效，下面介绍使用剪映给短视频添加特效的方法。

6.3.1 应用变声特效

下面介绍如何使用剪映为短视频应用变声特效，具体操作步骤如下。

（1）打开剪映，导入短视频，点击底部的“剪辑”，如图 6-57 所示。

（2）点击剪辑界面底部的“变声”，如图 6-58 所示。

（3）界面底部会出现多种变声特效选项，如大叔、萝莉、女生、男生等，如图 6-59 所示。

（4）根据需要点击变声特效，如点击“萝莉”，再点击右下角的“√”即可，如图 6-60 所示。

图6-57 点击“剪辑”

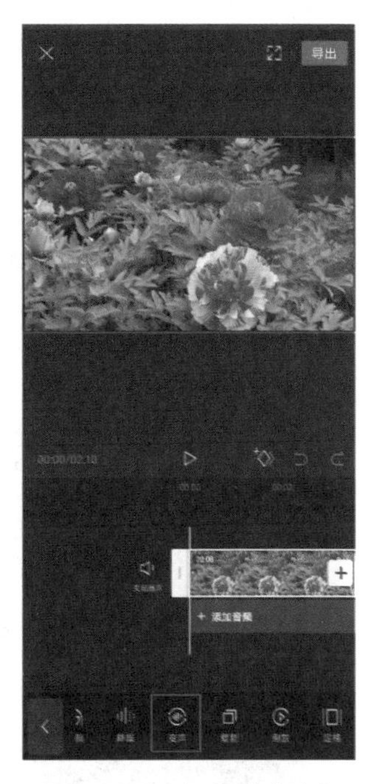

图6-58 点击“变声”

图6-59 变声特效选项

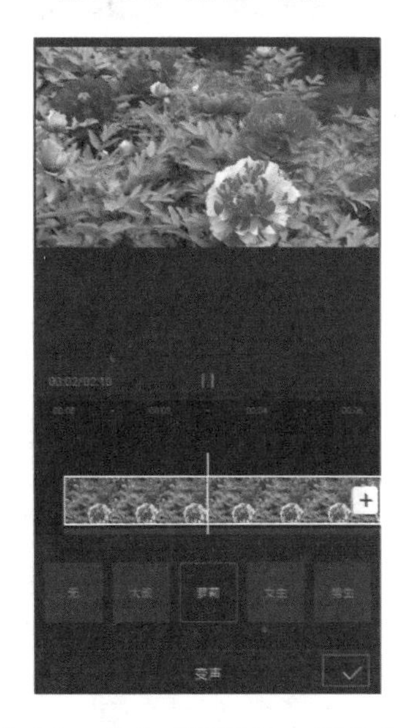

图6-60 点击“萝莉”，再点击“√”

6.3.2 制作倒放短视频

经常刷抖音的人大多看过一些非常有意思的倒放短视频，这种视频能给人制造一种视觉上的错觉，非常有趣。下面介绍倒放短视频的制作，具体操作步骤如下。

（1）打开剪映，导入短视频，点击底部的“剪辑”，如图 6-61 所示。

（2）点击底部的“倒放”，如图 6-62 所示。

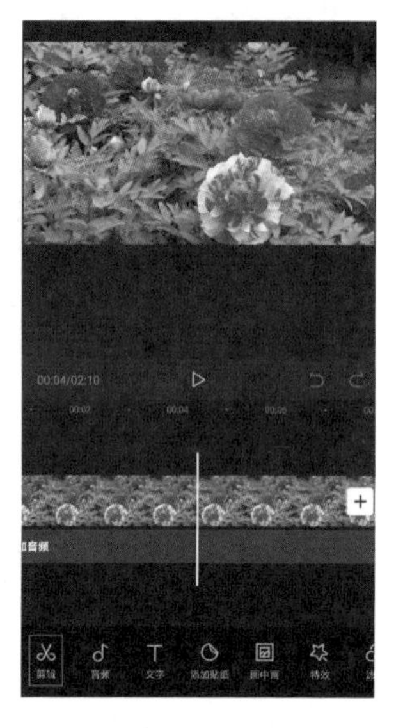

图6-61　点击“剪辑”

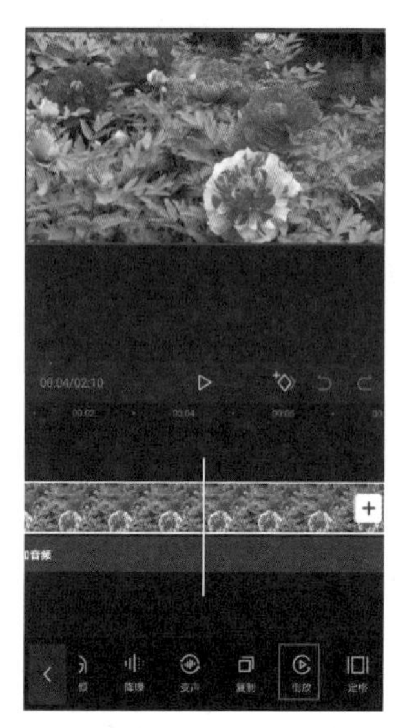

图6-62　点击“倒放”

（3）界面上会弹出提示框，提示“倒放中”，如图 6-63 所示。

（4）倒放成功后，点击右上角的“导出”即可，如图 6-64 所示。

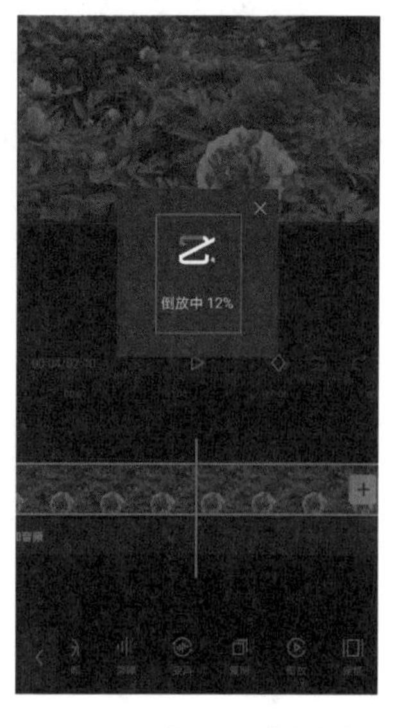

图6-63　提示“倒放中”

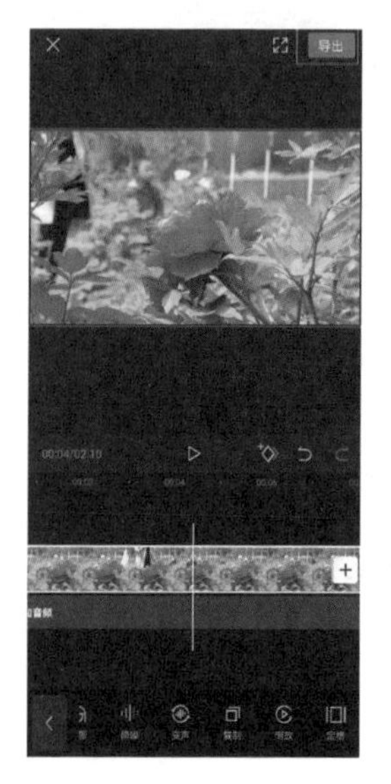

图6-64　点击“导出”

6.3.3　更改短视频的比例

下面介绍如何使用剪映更改短视频的比例，具体操作步骤如下。

（1）打开剪映，导入短视频，点击底部的“比例”，如图 6-65 所示。

（2）在出现的界面中，可选的比例有 9 ：16、16 ：9、1 ：1、4 ：3、2 ：1 等，如图 6-66 所示。

（3）这里选择 4 ：3，点击“4 ：3”，再点击右上角的“导出”即可，如图 6-67 所示。

图6-65　点击“比例”

图6-66　可选的比例

图6-67　点击“4：3”，再点击“导出”

6.3.4　应用渐渐放大特效

下面介绍如何使用剪映为短视频应用渐渐放大特效，具体操作步骤如下。

（1）打开剪映，导入短视频，点击底部的“特效”，如图 6-68 所示。

（2）点击“基础”中的“渐渐放大”，并点击“√”，如图 6-69 所示。

（3）这样就为短视频应用了渐渐放大特效，点击右上角的“导出”即可，如图 6-70 所示。

图6-68　点击“特效”

图6-69　点击“渐渐放大”并点击“√”

图6-70　点击“导出”

6.3.5　制作卡点视频

6-2　制作卡点视频

卡点视频其实就是踩着音乐节奏的照片视频，炫酷且具有节奏感。通常来说，技术流类的抖音视频分为特效视频和卡点视频两类。制作卡点视频最大的难点是对音乐的把控，每一首音乐都有相应的节奏，所以掌握好节奏是重中之重。

制作卡点视频的具体操作步骤如下。

（1）打开剪映，导入短视频，点击底部的“音频”，如图 6-71 所示。

（2）在出现的界面中点击“音乐”，如图 6-72 所示。

（3）进入“添加音乐”界面，点击“卡点”，如图 6-73 所示。

（4）点击下载卡点音乐列表中自己喜欢的音乐，接着点击音乐名右侧的“使用”，如图 6-74 所示。

（5）在视频编辑界面点击刚刚添加的音频轨道，点击底部的“踩点”，如图 6-75 所示。

（6）点击“添加点”，如图 6-76 所示。

（7）“添加点”这时就会自动变成“删除点”，点击左侧的“自动踩点”可根据节拍或旋律自动踩点，当然也可以手动加点，能让系统将每次卡点的节奏用黄点标注出来，如图 6-77 所示。

（8）点击右上角的“导出”，如图 6-78 所示。

图6–71　点击“音频”

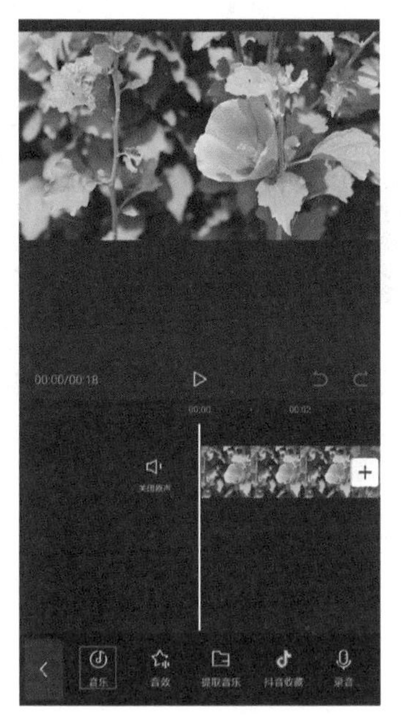

图6–72　点击“音乐”

图6–73　点击“卡点”

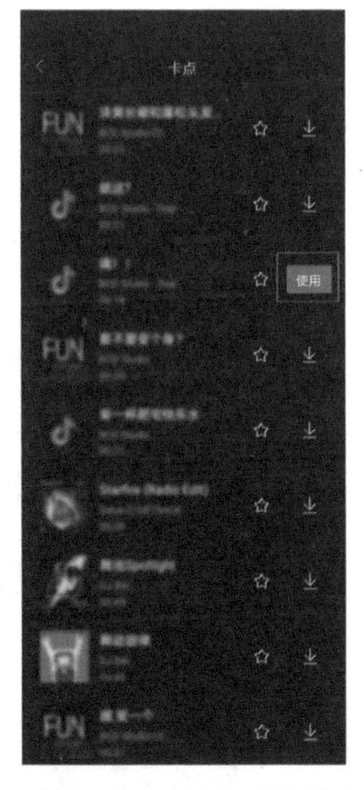

图6–74　点击“使用”

图6-75　点击“踩点”

图6-76　点击“添加点”

图6-77　踩点界面

图6-78　点击“导出”

6.3.6　添加花字

有趣的内容加上适当的花字，可以让短视频更加生动有趣。下面讲述如何使用剪映为短视频添加花字，具体操作步骤如下。

（1）打开剪映，导入短视频，点击底部的“文字”，如图6-79所示。

（2）点击底部的“新建文本”，如图6-80所示。

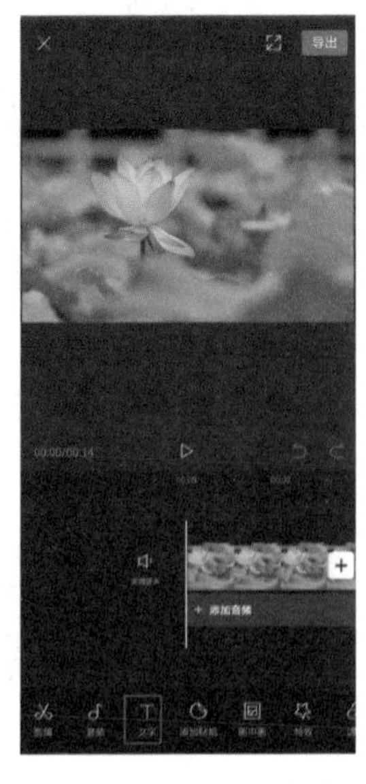

图6-79　点击“文字”

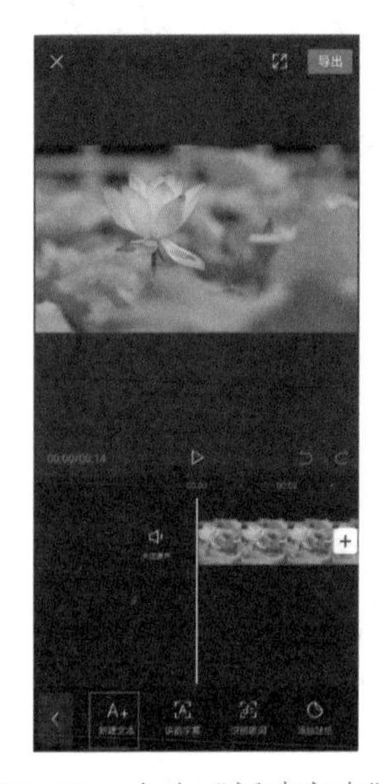

图6-80　点击“新建文本”

（3）此时视频中会显示“输入文字”，如图 6-81 所示。

（4）输入文字“出淤泥而不染”，并点击“花字”，如图 6-82 所示。

（5）在出现的界面中选择一种喜欢的花字样式，然后点击“√”，如图 6-83 所示。

（6）添加花字成功后，点击右上角的“导出”即可，如图 6-84 所示。

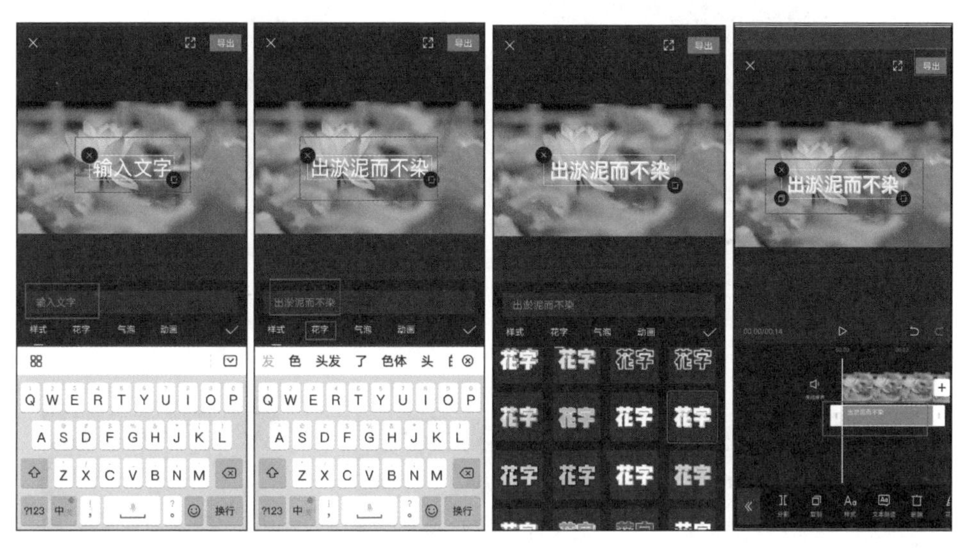

图6-81　视频中显示“输入文字”

图6-82　输入文字并点击“花字”

图6-83　选择花字样式

图6-84　点击“导出”

6.4 使用剪同款功能

在使用剪映剪辑短视频时，我们可以使用剪同款功能实现快速剪辑。使用剪同款功能的具体操作步骤如下。

（1）打开剪映，点击底部的“剪同款”，如图 6-85 所示。

（2）进入模板选择界面，如图 6-86 所示。

（3）点击需要使用的模板，进入模板播放界面，点击右下角的“剪同款”，如图 6-87 所示。

（4）进入“照片视频”界面，如图 6-88 所示。

（5）选择相应的视频或照片，点击下方的“下一步”，如图 6-89 所示。

（6）点击右上角的“导出”即可，如图 6-90 所示。

图6-85　点击底部“剪同款”

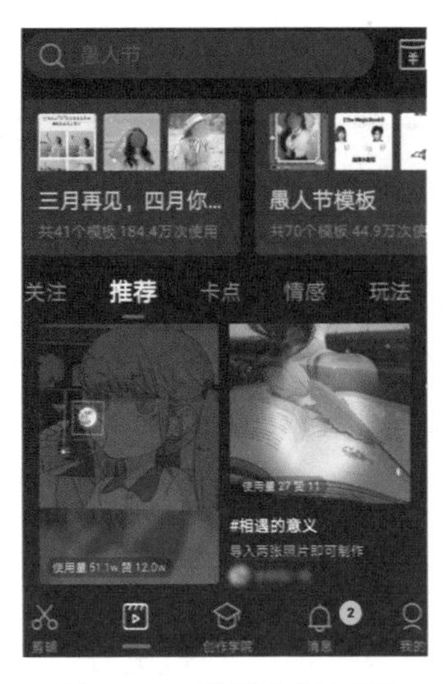

图6-86　模板选择界面

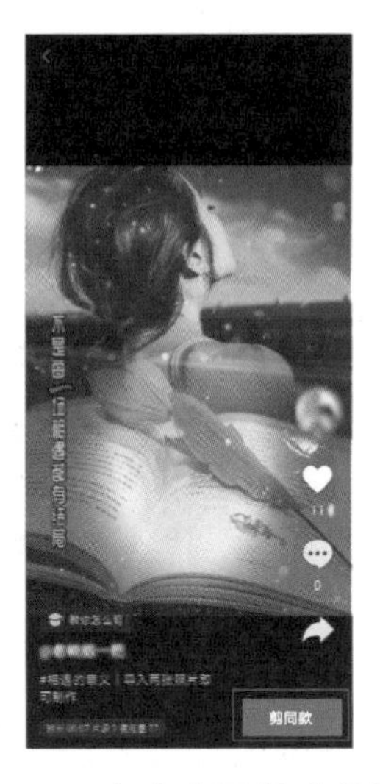

图6-87　点击右下角“剪同款”

图6-88　“照片视频”界面

图6-89　选择视频或照片

图6-90　点击“导出”

课后习题

一、填空题

1. 剪映是抖音官方推出的一款 ＿＿＿＿＿＿ 工具，可用于视频的剪辑、制作和发布。

2. 剪映能够让我们轻松地对视频进行各种编辑，包括________、________、__________、_______、_______等，其专业滤镜、精选贴纸等也能为视频增加乐趣。

3. 在使用剪映剪辑视频时，可以使用__________的功能，来使用他人的模板进行快速剪辑。

4. 制作__________最大的难点是对音乐的把控，每一首音乐都有相应的节奏，所以掌握好节奏是重中之重。

二、思考题

1. 怎样用剪映添加多个轨道？
2. 怎样用剪映给视频添加贴纸？
3. 如果想将短视频的播放速度放慢，应该怎么操作？
4. 怎样使用剪映为短视频自动添加歌词？
5. 怎样制作倒放短视频？

三、实训操作题

使用剪映给一个短视频应用多种特效，可以参考以下步骤。

1. 打开剪映，导入视频，点击底部的“特效”，如图 6-91 所示。

2. 选择一种特效后点击右侧的“√”，并点击“导出”，如图 6-92 所示。

3. 点击底部的“新增特效”，为视频再次添加特效功能，即可产生两种特效重叠效果，如图 6-93 所示。

图6-91　点击“特效”

图6-92　选择特效

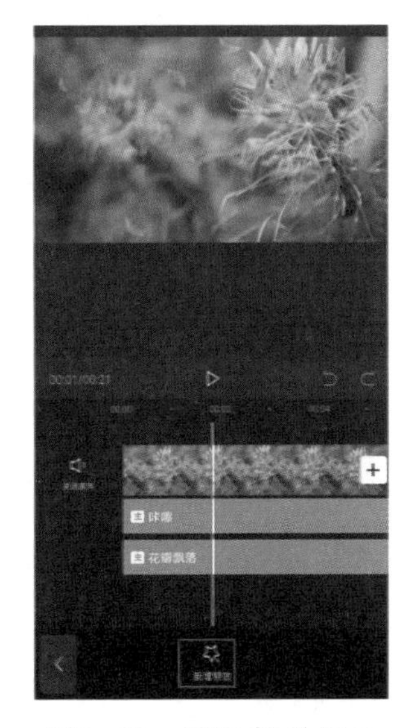

图6-93　两种特效重叠

第7章

计算机端短视频后期制作

学习目标

- 了解作图辅助工具
- 熟练掌握使用快剪辑编辑视频
- 熟练掌握使用会声会影编辑短视频
- 熟练掌握使用爱剪辑编辑短视频
- 熟练掌握使用Premiere编辑短视频

在短视频创作中，只有使用专业的软件对拍摄的短视频进行编辑，为其添加音乐、文字以及应用特效等，才能创作出优质的短视频作品。本章将介绍计算机端短视频制作软件的使用，包括作图辅助工具，使用快剪辑、会声会影、爱剪辑、Premiere 编辑短视频等内容。

7.1 作图辅助工具

下面介绍两个作图辅助工具——Photoshop 和 PhotoMosh。

7.1.1 Photoshop

Photoshop 性能卓越,支持多种文件格式,能够很好地应用于图像的设计制作。图 7-1 所示为 Photoshop CC 界面。

图7–1 Photoshop CC界面

Photoshop 的裁剪工具是裁剪图片的首选工具，下面简单介绍一下裁剪工具的使用方法。

（1）启动 Photoshop CC，单击“文件”，再单击“打开”，然后在弹出的对话框中找到需要裁剪的图片，选中之后单击右下角的“打开”按钮，如图 7-2 所示。

（2）打开图片后的界面如图 7-3 所示。

（3）选择工具箱中的“裁剪工具”，如图 7-4 所示。

（4）在工具选项栏中输入想要的图片的宽度和高度，如图 7-5 所示。

（5）双击框选区域，即可完成裁剪，如图 7-6 所示。

（6）选择左上角的“文件”，在下拉菜单中选择“存储为 Web 所用格式”，此时将弹出“存储为 Web 所用格式”对话框，如图 7-7 所示。

（7）单击“存储”按钮后，在弹出的“将优化结果存储为”对话框中选择相应的文件格式，然后单击“保存”按钮，如图 7-8 所示。

图7-2　单击“打开”按钮

图7-3　打开图片后的界面

图7–4 选择工具箱中的“裁剪工具”

图7–5 在工具选项栏中输入图片的宽度和高度

图7–6　完成裁剪

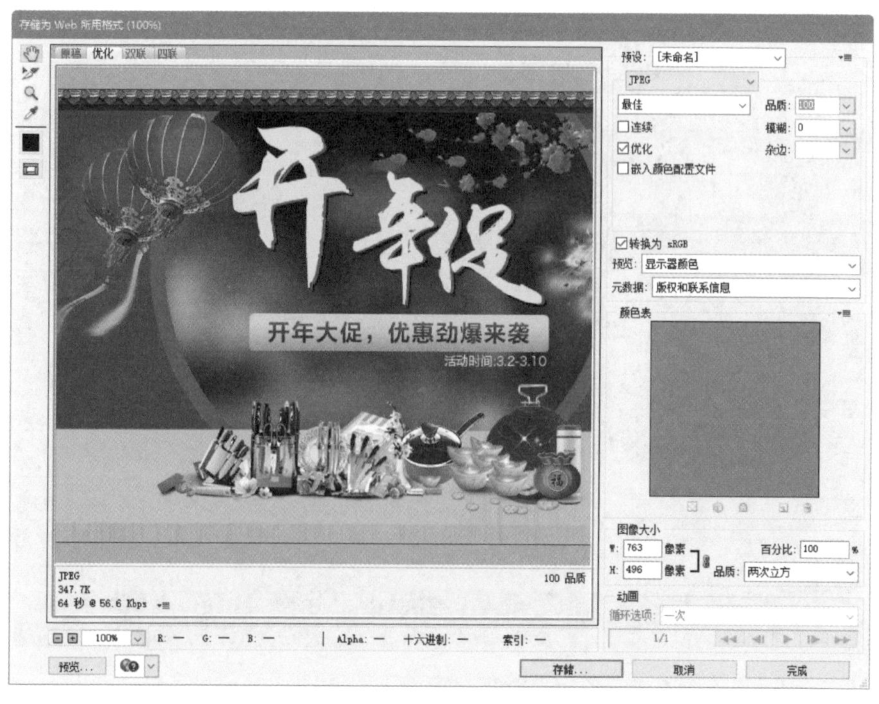

图7–7　“存储为Web所用格式”对话框

图7-8 “将优化结果存储为”对话框

7.1.2 PhotoMosh

PhotoMosh 是一个功能强大的工具，它不仅技术门槛低，而且可以在线将图片、视频、实时摄像头的画面进行特效处理，并可以叠加多种特效，效果十分突出。PhotoMosh 的具体使用方法如下。

（1）在百度中查找 PhotoMosh，进入 PhotoMosh 的主页（网站为全英文）。主页主要有两个选项，左侧是“Load File”（装入文件），右侧是“Use WebCam”（使用网络摄像头），如图 7-9 所示。

（2）单击“Load File”，在弹出的“打开”对话框中选择想要处理的图片，选中后单击“打开”按钮即可上传图片，如图 7-10 所示。

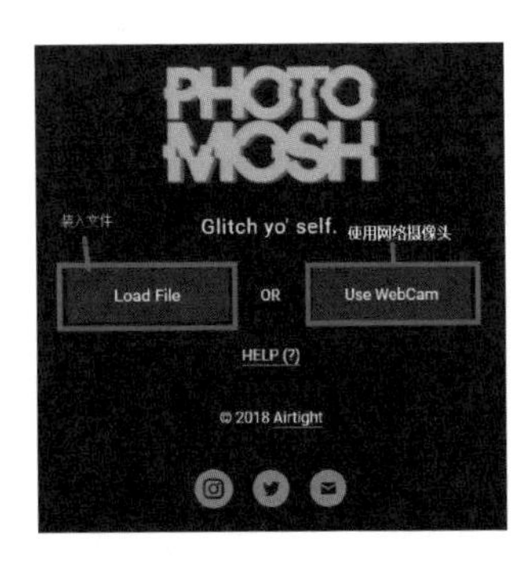

图7-9 PhotoMosh主页

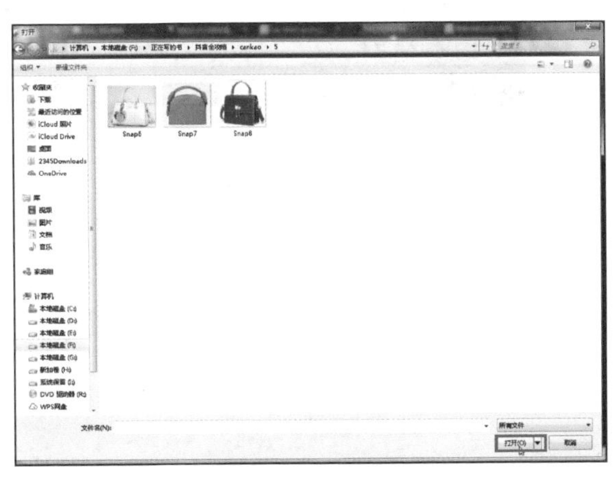

图7-10 上传图片

（3）设置图片的效果，如图 7-11 所示。单击左上角的“JPG”“GIF”“WEBM”可以切换图片格式，在右侧的区域可以详细地设置图片的效果。

图7-11　设置图片效果

（4）还可以单击图片下方的“Mosh”切换特效，如图 7-12 所示。

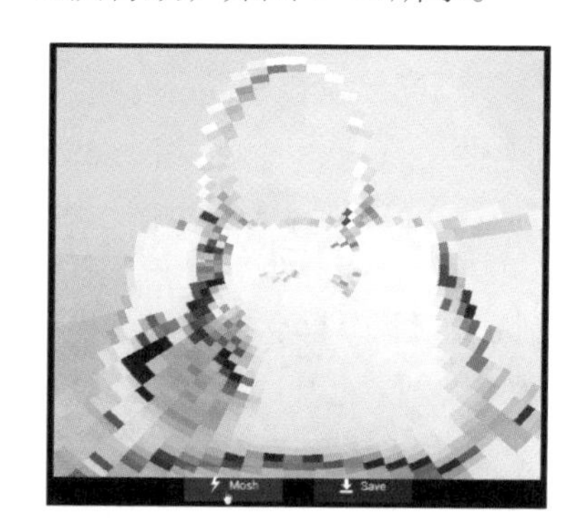

图7-12　切换特效

7.2 使用快剪辑编辑短视频

下面介绍快剪辑软件的常见操作，包括导入短视频并添加音乐、添加字幕转场及滤镜。

7.2.1　导入短视频并添加音乐

使用快剪辑可以导入短视频并添加音乐，具体操作步骤如下。

（1）启动快剪辑，单击左上角的“新建项目”，如图 7-13 所示。

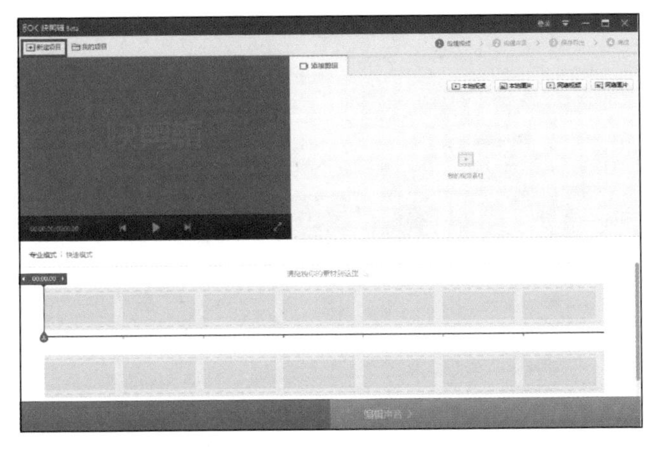

图7-13 单击“新建项目”

（2）在弹出的“选择工作模式”对话框中单击“专业模式”，如图 7-14 所示。

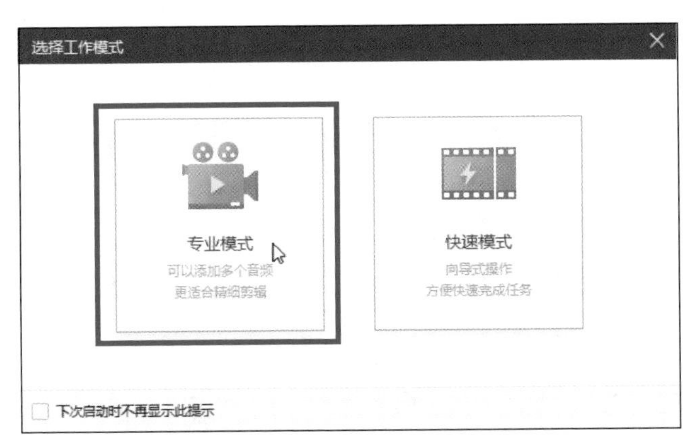

图7-14 单击“专业模式”

（3）在“添加剪辑”中单击“本地视频”，如图 7-15 所示。

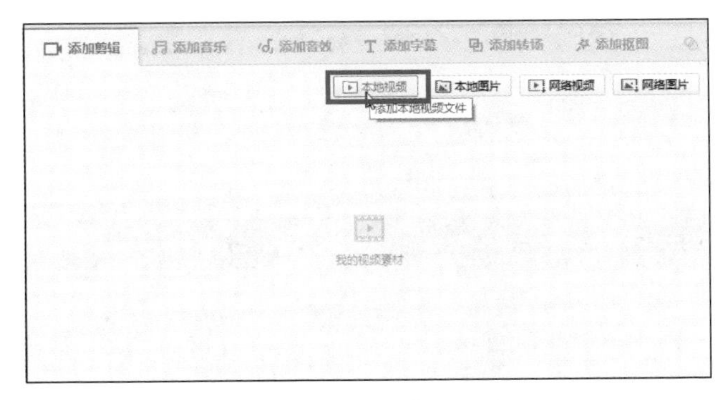

图7-15 单击“本地视频”

（4）在弹出的对话框中选择想要剪辑的视频，单击“打开”按钮，如图 7-16 所示。

图7–16　选择想要剪辑的视频

（5）此时，即可将选择的视频素材添加到“添加剪辑”界面中，如图 7-17 所示。

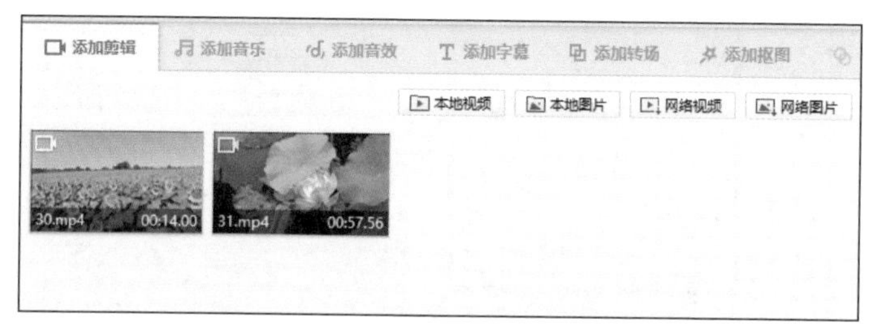

图7–17　视频打开成功后的界面

（6）将视频依次拖至下方时间轴中的“视频”轨道上，如图 7-18 所示。

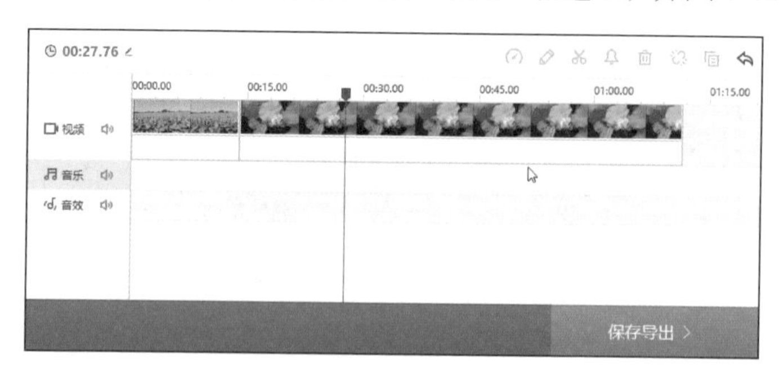

图7–18　将视频拖至视频轨道上

（7）单击“添加音乐”中的“运动燃曲”，找到所需的音乐后单击右侧的“+”，如图 7-19 所示。

添加剪辑　添加音乐　添加音效　添加字幕　添加转场　添加抠图

本地音乐

我的音乐　世界杯　运动燃曲　VLOG　流行　动感　欢快　舒缓　魔性

歌曲	时长	操作
Young Punks HOT	01:19	+
My World HOT	01:02	+
Victory HOT	00:59	+
Heavy Water	00:52	+ 添加到音乐轨
String Tek	01:14	+
Scene 5	01:01	+

图7–19　添加音乐

（8）在“音乐”轨道上可通过拖动音频两侧的滑块来调整音频的起点和终点位置，如图 7-20 所示。

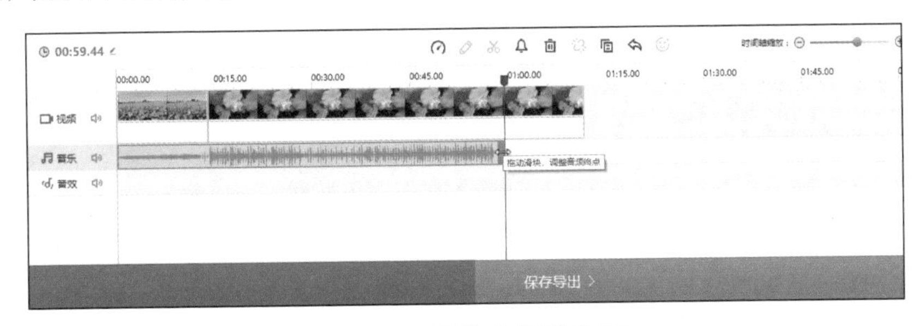

图7–20　调整音频的位置

（9）单击“音乐”右侧上的小喇叭图标，拖动弹出的滑块可以调整音量，如图 7-21 所示。

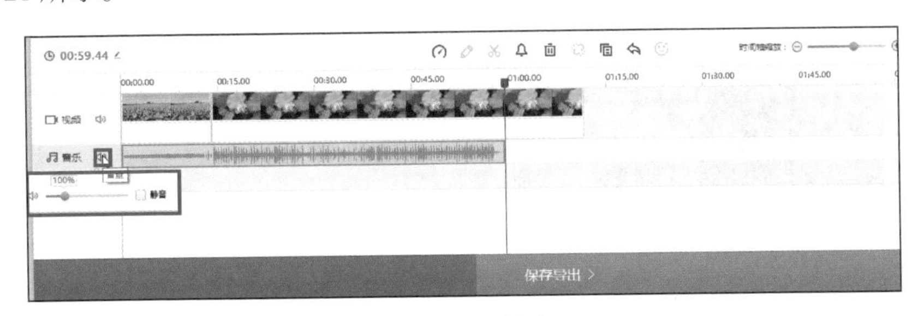

图7–21　调整音量

（10）在“视频”轨道上双击视频，进入“编辑视频片段”界面，在此界面可以对视频进行裁剪以及添加贴图、标记、二维码、马赛克等操作。例如，在上方单击“贴图”，界面右侧即会出现各种贴图，从中选择自己想要的贴图即可；添加完成后，单击“完成”按钮，如图 7-22 所示。

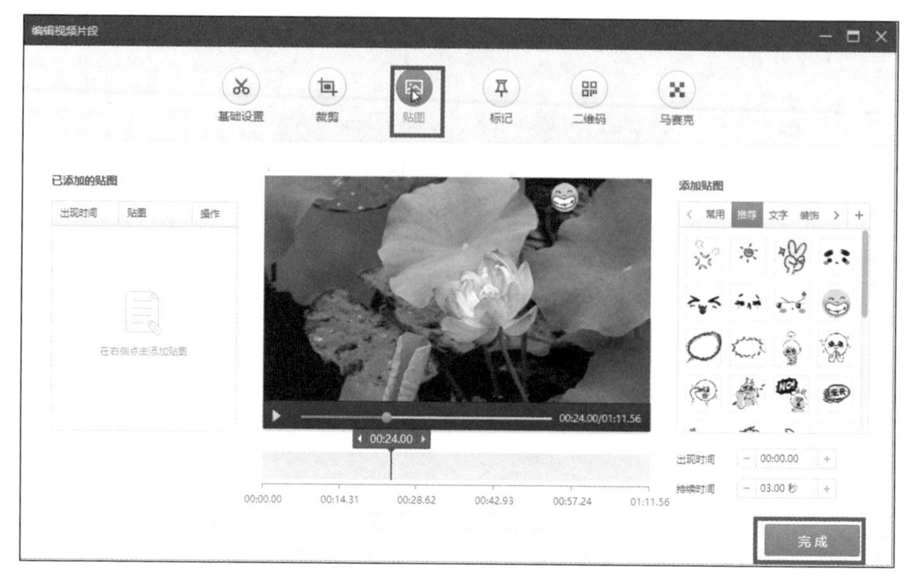

图7-22　添加贴图

7.2.2　添加字幕、转场及滤镜

7-1　添加字幕、转场及滤镜

使用快剪辑可以为短视频添加字幕、转场及滤镜，具体操作步骤如下。

（1）按之前的步骤导入短视频后，在时间轴中拖动时间线，将其定位到要添加字幕的位置，如图 7-23 所示。

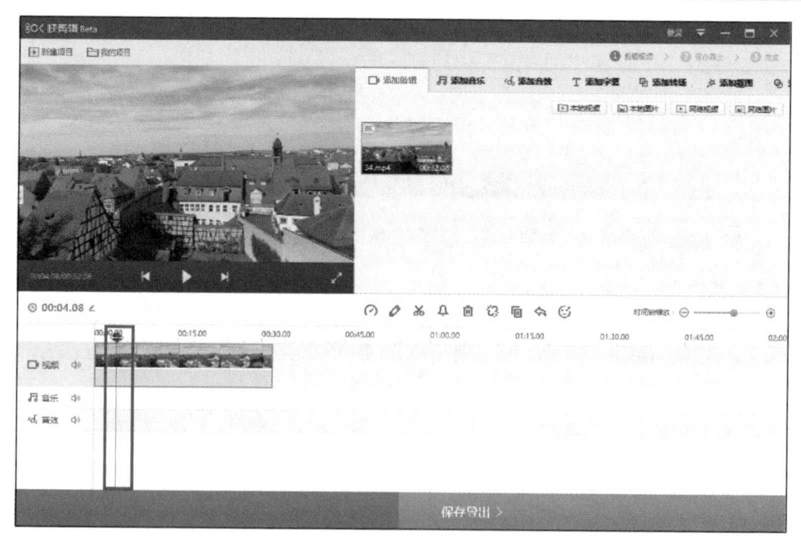

图7-23　拖动时间线

（2）单击“添加字幕”中的“VLOG”，选择需要的字幕后单击其右上角的“+”，如图 7-24 所示。

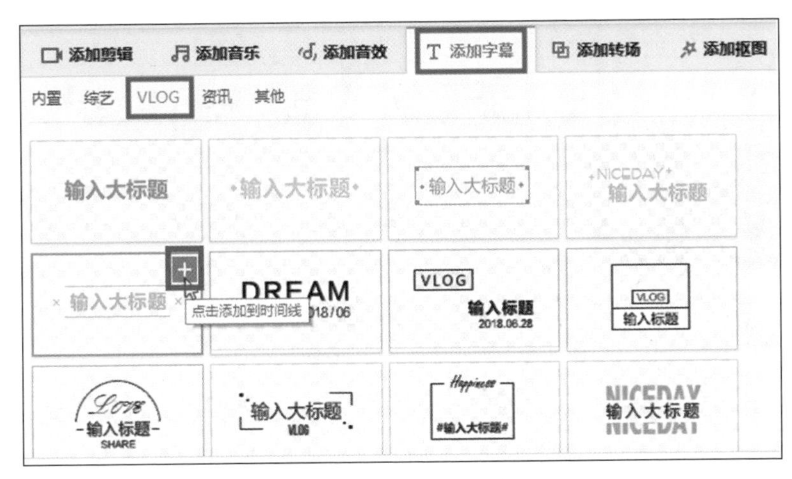

图7–24 添加字幕

（3）在弹出的“字幕设置”对话框中修改字幕文本，如输入“琼楼玉宇”，接着选择字幕样式，再单击并拖动字幕以调整字幕的大小及位置；之后拖动时间轴中的时间线，设置字幕的出现时间及持续时间，然后单击“保存”按钮，如图 7-25 所示。

图7–25 “字幕设置”对话框

（4）再次在时间轴中拖动时间线，将其定位到要添加字幕的位置，如图 7-26 所示。

（5）单击“资讯”，再单击想要添加的字幕的右上角的“+”，如图 7-27 所示。

图7–26　拖动时间线　　　　　　　　图7–27　添加字幕

（6）在弹出的“字幕设置”对话框中修改字幕文本，如输入“举世闻名”，接着选择字幕的样式，再用之前的方法调整字幕的大小及位置，设置字幕的出现时间及持续时间，然后单击“保存”按钮，如图 7-28 所示。

图7–28　“字幕设置”对话框

（7）用同样的方法继续添加字幕，如图 7-29 所示。

图7-29 继续添加字幕

（8）若想使用同样的字幕，可以在单击时间轴上的字幕后按“Ctrl+C”组合键，然后将时间线拖至指定位置，再按“Ctrl+V”组合键，如图7-30所示。

（9）在“添加转场”中选择所需的转场效果，如图7-31所示，还可单击右上角的“+”，将其拖至“视频”轨道上。

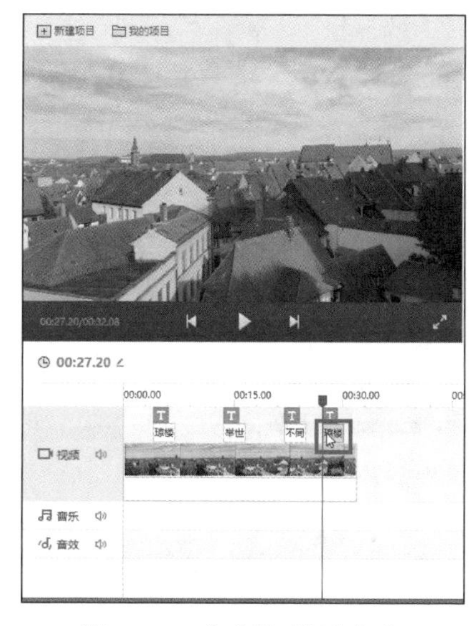

图7-30 复制与粘贴字幕

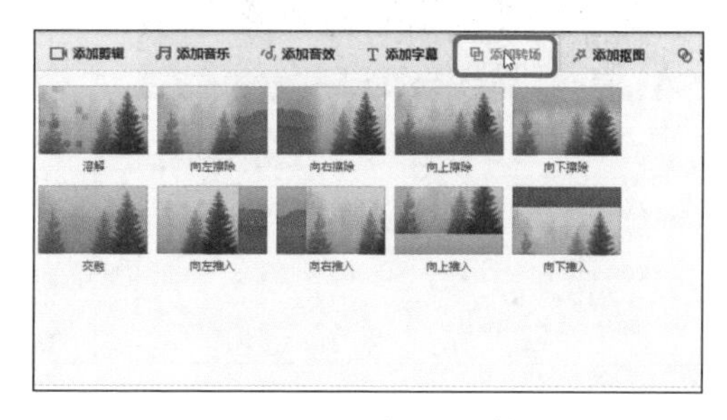

图7-31 添加转场效果

（10）单击“添加滤镜”中所需的滤镜，同样将其拖至“视频”轨道上，在弹出的“滤镜设置”对话框中设置“滤镜强度”,根据需要选中“全部片段”或“当前片段”。此处以“当前片段”为例，然后单击“应用”按钮，如图 7-32 所示。

（11）在出现的界面的下方单击“保存导出”，进入“保存导出”界面，在此界面可以为视频添加特效片头和水印。如单击“加水印”，可以设置添加图片水印或文字水印。例如，设置添加文字水印，即勾选“加文字水印”，输入文字，并设置文字颜色及位置，如图 7-33 所示。

图7-32　添加滤镜

图7-33　添加文字水印

（12）单击“选择目录”按钮选择视频的保存路径，如图 7-34 所示。

（13）在弹出的“另存为”对话框中选择保存路径，输入文件名，单击“保存”按钮，如图 7-35 所示。

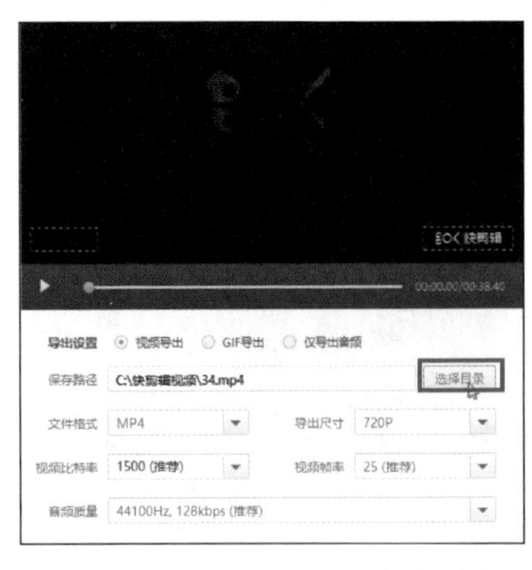

图7-34　选择视频的保存路径

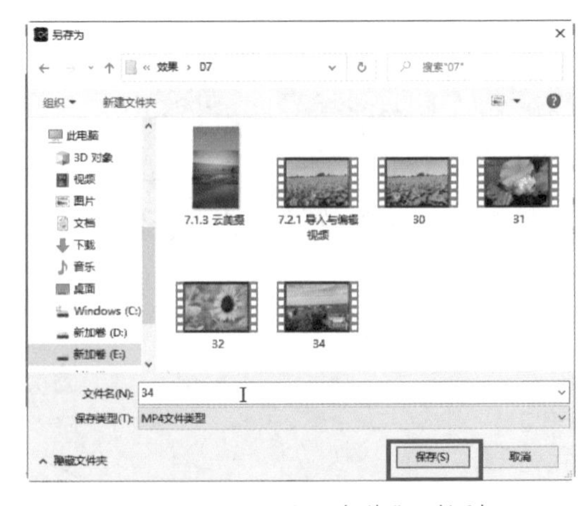

图7-35　“另存为”对话框

（14）设置文件格式、导出尺寸等，单击“开始导出”，如图 7-36 所示。

图7–36　导出设置界面

（15）在弹出的“填写视频信息”对话框中输入视频信息并设置封面，然后单击“下一步”按钮，如图 7-37 所示。

（16）开始导出视频，等待导出完成后单击“完成”按钮即可，如图 7-38 所示。

图7–37　“填写视频信息”对话框

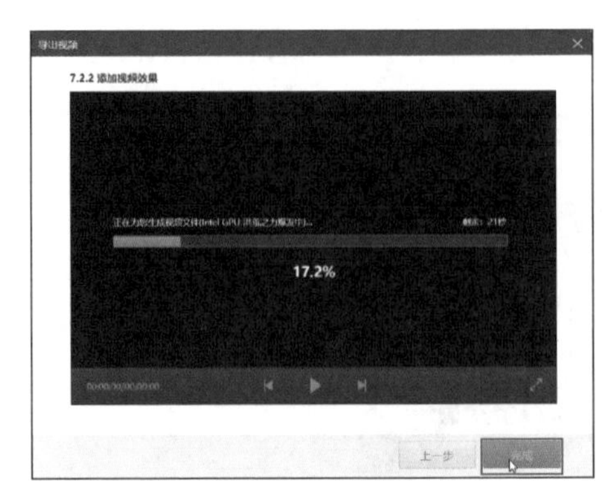

图7-38　导出视频

7.3 使用会声会影编辑短视频

会声会影具有图像抓取和编辑功能，支持导出多种常见的视频格式，甚至可以直接制作成 DVD 和 VCD 光盘。

7.3.1　导入并裁剪短视频

使用会声会影导入并裁剪短视频的具体操作步骤如下。

（1）启动会声会影，在素材库面板中单击“+”，创建文件夹，然后单击文件夹图标导入媒体文件，如图 7-39 所示。

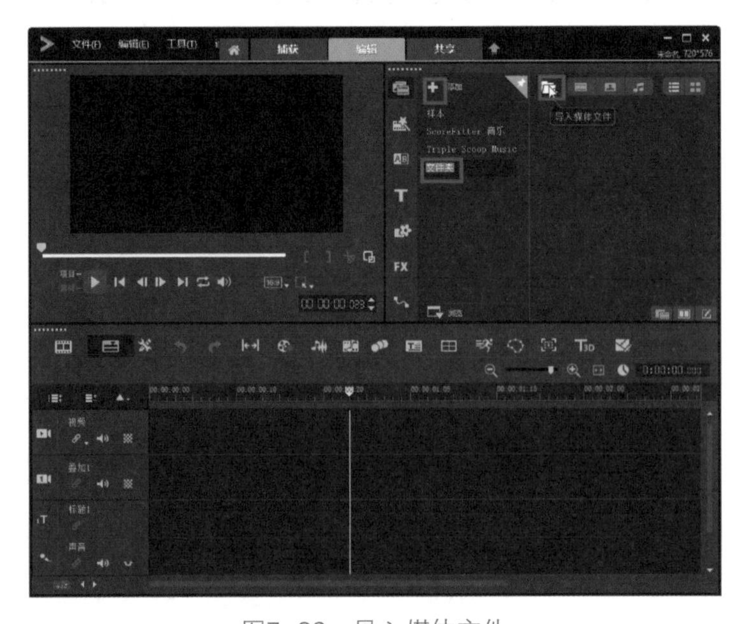

图7-39　导入媒体文件

（2）在弹出的“浏览媒体文件”对话框中选择要导入的短视频，单击“打开”按钮，如图 7-40 所示。

图7-40　导入短视频

（3）将导入的短视频拖至时间轴中的“视频”轨道上，在弹出的提示框中单击“是”，如图 7-41 所示。

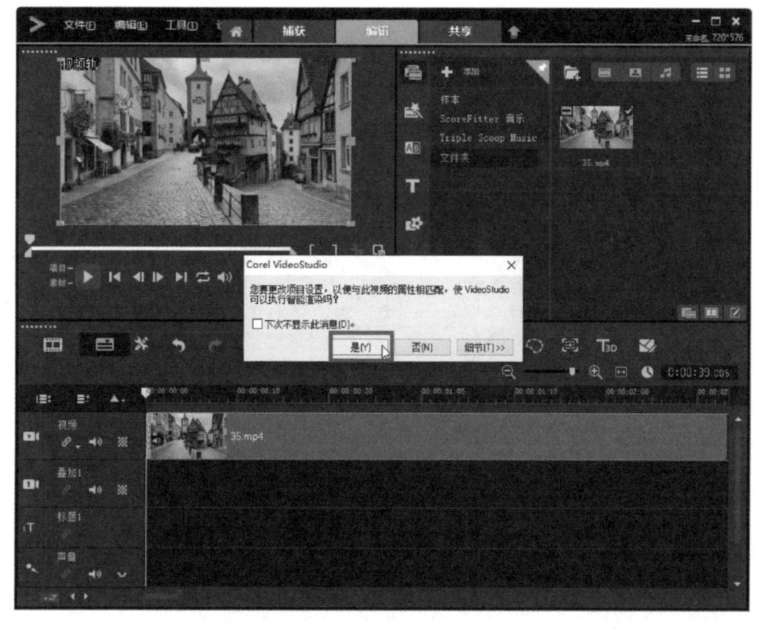

图7-41　将短视频拖至“视频”轨道上

（4）按“Ctrl+S”组合键弹出“另存为”对话框，选择保存路径，输入文件名，单击“保存”按钮，如图7-42所示。

图7-42 “另存为”对话框

（5）采用同样的步骤，将其他短视频拖至“叠加1”轨道上，如图7-43所示。

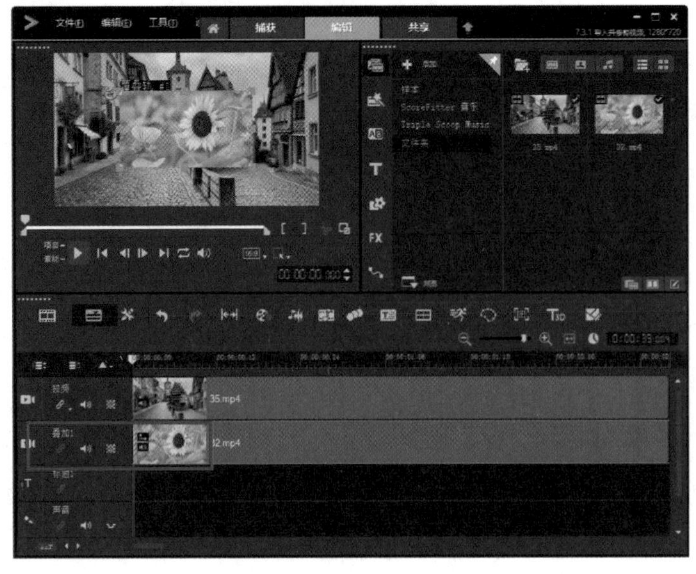

图7-43 将其他短视频拖至“叠加1”轨道上

（6）拖动视频两端的滑块，对短视频进行裁剪，如图 7-44 所示。

图7-44　裁剪短视频

7.3.2　自定义动作

7-2　自定义动作

使用会声会影自定义动作，可以使短视频按照指定的路径和方式产生运动效果，具体操作步骤如下。

（1）在播放器面板中调整“叠加 1”轨道上视频的大小和位置，如图 7-45 所示。

（2）在菜单栏中单击“编辑”，再单击“自定义动作”，如图 7-46 所示。

（3）进入“自定义动作”界面，在时间轴上为第 1 个关键帧设置阴影、边界和镜面参数，如图 7-47 所示。

（4）在界面右侧的时间码处输入 1，按“Enter”键确认，即可将时间轴上的滑块定位到 1 秒的位置，然后单击表示“添加关键帧”的图标，如图 7-48 所示。

（5）选择第 1 个关键帧，分别将“位置”区域、“大小”区域中“X”的参数设置为 -105 和 0，将“阻光度”的参数设置为 0（即透明），如图 7-49 所示。

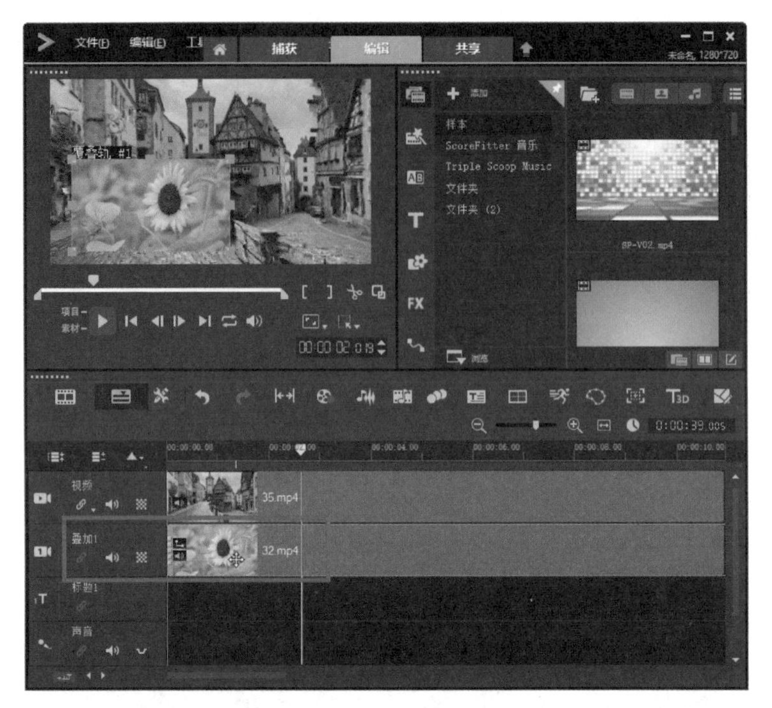

图7-45　调整“叠加1”轨道上视频的大小和位置

图7-46　单击“自定义动作”

图7-47　设置关键帧的参数

图7-48　单击表示“添加关键帧”的图标

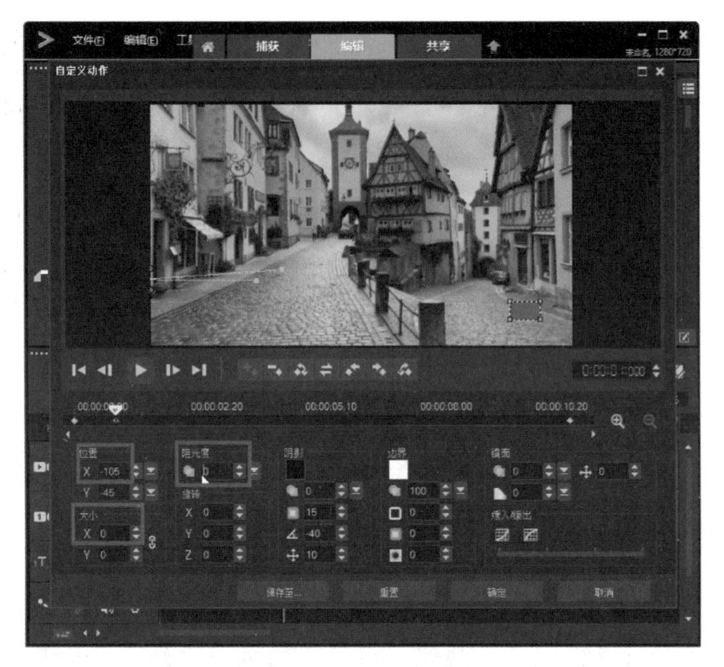

图7–49　设置关键帧参数

（6）选择第 2 个关键帧，按“Ctrl+C”组合键复制。将时间轴的滑块定位到 3 秒的位置，在时间轴上单击鼠标右键，在弹出的菜单中选择“粘贴”（或按“Ctrl+V”组合键），即可粘贴关键帧，如图 7-50 所示。

图7–50　复制并粘贴关键帧

（7）选择第 3 个关键帧，将“位置”区域中“X”的参数设置为 55，如图 7-51 所示。

图7-51　设置位置参数

（8）选择第 3 个关键帧，按“Ctrl+C”组合键复制。将时间轴的滑块定位到 4:13 秒的位置，按“Ctrl+V”组合键粘贴关键帧。分别将“位置”区域、“大小”区域中“X”的参数设置为 105 和 0，将“阻光度”的参数设置为 0，如图 7-52 所示。

图7-52　复制并粘贴关键帧

（9）复制第 4 个关键帧，在最后一个关键帧处单击鼠标右键，在弹出的菜单中选择“粘贴”，再单击“确定”按钮，如图 7-53 所示。

图7–53　复制并粘贴关键帧

（10）在“叠加 1”轨道上单击鼠标右键，在弹出的菜单中选择“插入轨下方”，如图 7-54 所示。

图7–54　选择“插入轨下方”

（11）此时，即可在“叠加1”轨道下方插入“叠加2”轨道。选择“叠加1”轨道上的视频，按“Ctrl+C”组合键复制，将鼠标指针放置在“叠加2”轨道上，在2秒的位置单击鼠标左键，按住【Ctrl+V】组合键即可粘贴视频，并使两个视频之间的时间间隔为2秒，如图7-55所示。

图7-55 复制并粘贴视频

（12）在播放器面板中拖动滑块，查看视频播放效果，如图7-56所示。

图7-56 查看视频播放效果

（13）使用同样的方法，继续插入“叠加 3”轨道和“叠加 4”轨道，复制“叠加 1”轨道上的视频并使“叠加 3”轨道和“叠加 4”轨道之间的时间间隔为 2 秒，如图 7-57 所示。

图7–57　插入“叠加3”轨道和“叠加4”轨道并复制视频

（14）选择“叠加 2”轨道中的视频并单击鼠标右键，在弹出的菜单中依次选择“替换素材”“视频”，如图 7-58 所示。

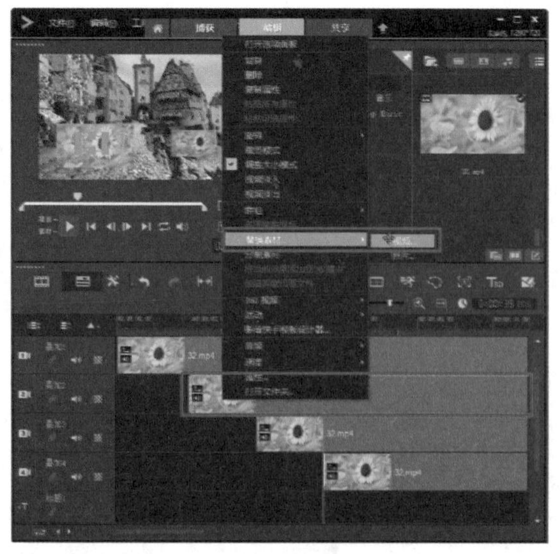

图7–58　依次选择“替换素材”“视频”

（15）在弹出的“替换 / 重新链接素材”对话框中选择要替换的视频，然后单击“打开”按钮，如图 7-59 所示，即可完成对“叠加 2”轨道中视频的替换。

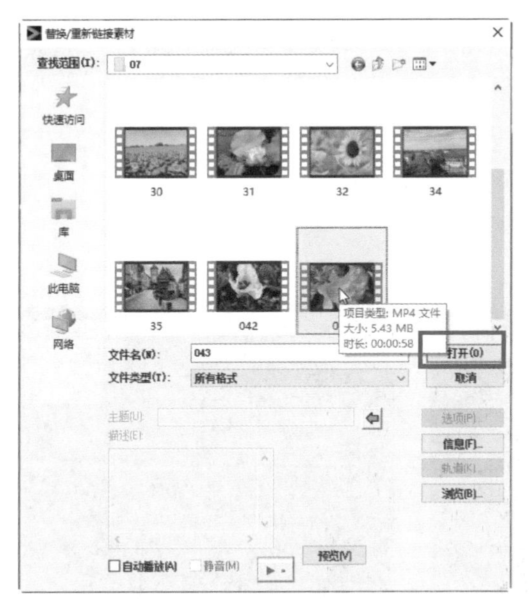

图7–59 “替换/重新链接素材”对话框

（16）用同样的方法，可替换其他叠加轨道中的视频，替换效果如图 7-60 所示。

图7–60 替换其他叠加轨道中的视频

7.3.3 添加字幕

字幕是视频中的重要元素，好的字幕不仅可以传递画面以外的信息，还可以增强视频的艺术效果。用会声会影为短视频添加恰当的字幕，可以使短视频更有吸引力和感染力，添加字幕的具体操作步骤如下。

（1）在素材库面板左侧单击表示“标题”的图标，打开标题素材库，选择要使用的标题样式，如图 7-61 所示。

（2）将标题拖到时间轴面板中的“标题 1”轨道上，并将标题移动至“042”视频动作结束之后的位置，如图 7-62 所示。

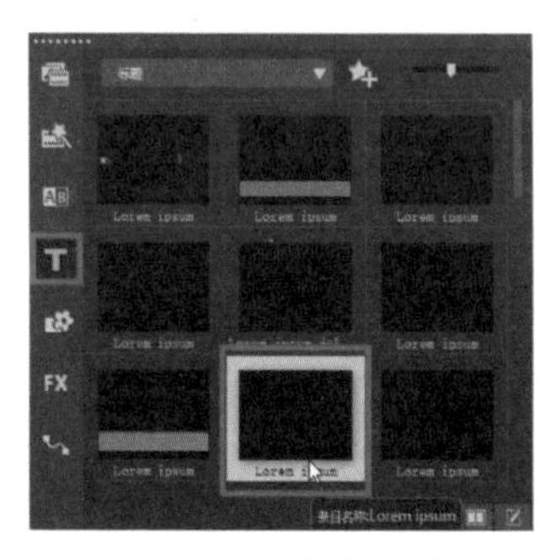

图7-61 选择标题样式

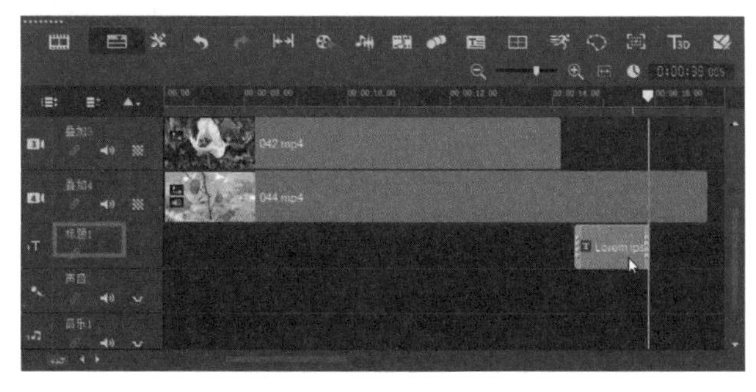

图7-62 拖动标题

（3）在播放器面板中双击标题中的文字，对文字进行修改，如图 7-63 所示。

（4）在时间轴面板中双击标题，打开“编辑”面板，根据需要设置文字样式，如字体、颜色、大小、边框、阴影、透明度等，如图 7-64 所示。

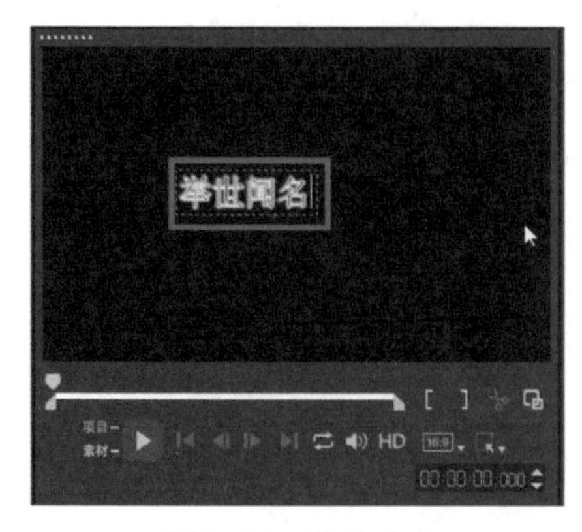

图7-63 修改文字

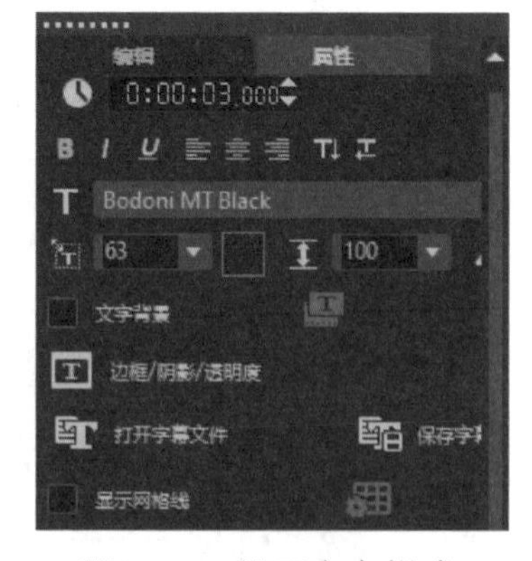

图7-64 设置文字样式

（5）单击“属性”，可以查看字幕应用的滤镜。单击“滤镜”，勾选“替换上一个滤镜”，如图 7-65 所示。

（6）单击素材库面板左侧表示“滤镜”的图标，在滤镜类别下拉列表中选择“相机镜头”，然后选择“光芒”滤镜，如图 7-66 所示。

图7-65 查看字幕应用的滤镜

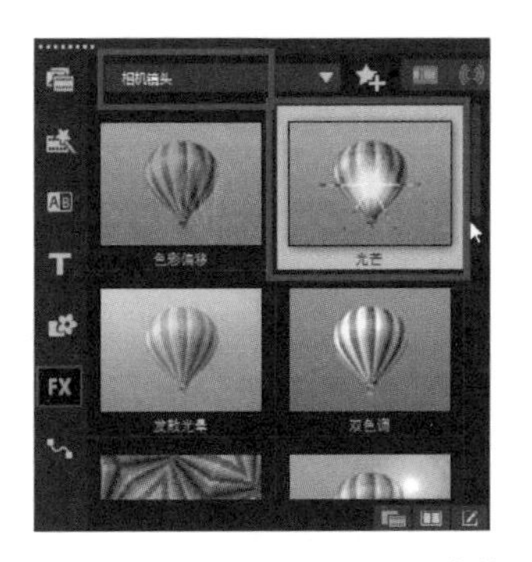

图7-66 选择“光芒”滤镜

（7）将“光芒”滤镜拖至时间轴面板中的标题上，即可应用该滤镜。在效果面板中可以查看应用的滤镜，如图 7-67 所示。单击“自定义滤镜”，还可以对滤镜进行自定义设置，此处使用的是默认设置。

（8）对时间长度超过字幕显示结束时间的视频进行裁剪。在裁剪视频时，还可以在单击视频后按“S”键分割视频，然后将右侧的视频删除，如图 7-68 所示。

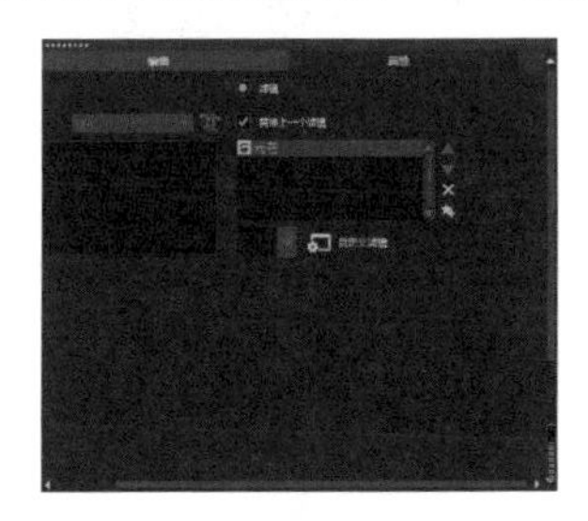

图7-67 查看应用的滤镜

图7-68 裁剪视频

（9）在时间轴面板中双击“35”视频素材，然后在选项面板中单击表示“淡入”和“淡出”的图标，使背景音乐呈现淡入和淡出的效果，如图 7-69 所示。

（10）在主界面上方单击“共享”，选择导出格式，设置文件名和文件位置，然后单击“开始”按钮，即可将短视频导出，如图 7-70 所示。

图7-69 为背景音乐设置淡入和淡出效果

图7-70 导出短视频

7.4 使用爱剪辑编辑短视频

下面使用爱剪辑导入与裁剪短视频、添加字幕、添加画面风格、添加转场特效。

7.4.1 导入与裁剪短视频

用爱剪辑导入与裁剪短视频主要有如下方法。

（1）启动爱剪辑，弹出“新建”对话框，设置视频大小并单击“确定”按钮，如图 7-71 所示。

（2）在主操作界面中单击“添加视频”按钮，如图 7-72 所示。

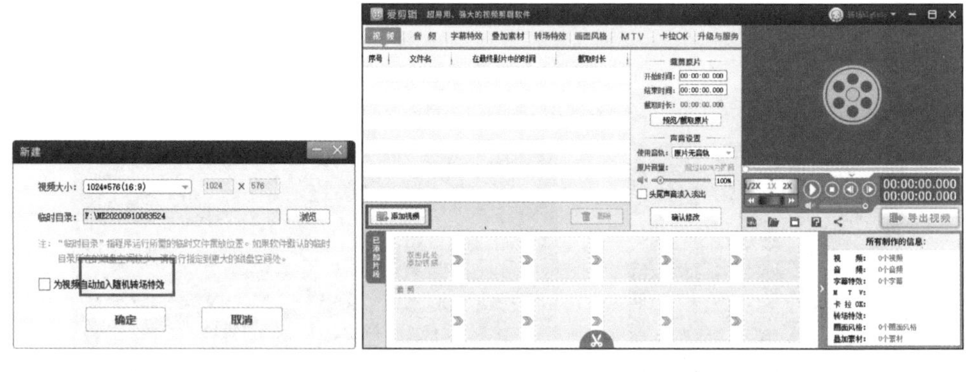

图7–71　“新建”对话框　　图7–72　在爱剪辑主操作界面中单击“添加视频”按钮

（3）在弹出的“请选择视频”对话框中选择视频，然后单击“打开”按钮，如图 7-73 所示。

（4）在弹出的“预览 / 截取”对话框中单击“确定”按钮，如图 7-74 所示。

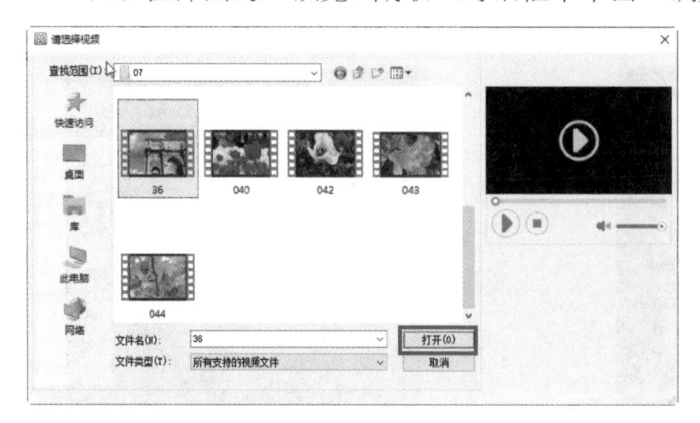

图7–73　“请选择视频”对话框　　图7–74　“预览/截取”对话框

（5）此时，短视频已被导入爱剪辑中。在视频预览区域的下方单击表示“保存所有设置”的图标，如图 7-75 所示。

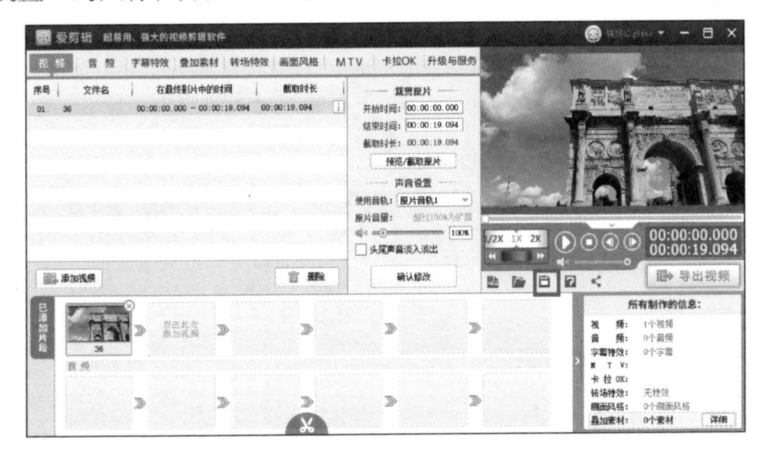

图7–75　单击表示“保存所有设置”的图标

（6）在弹出的对话框中选择保存路径，输入文件名后单击“保存”按钮，如图 7-76 所示。

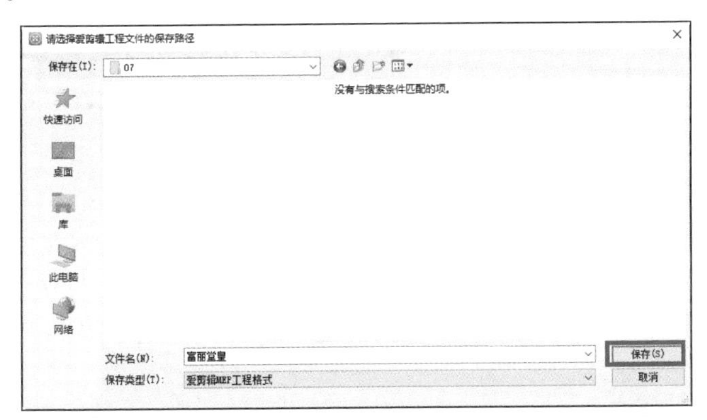

图7–76　保存文件

（7）在弹出的提示框中单击“确定”按钮，如图 7-77 所示。

（8）在视频列表中选择视频，在右侧单击表示“静音”的按钮，将视频设置为静音，然后单击“确认修改”按钮，如图 7-78 所示。

（9）在视频片段区域中的视频处单击鼠标右键，在弹出的菜单中选择“复制多一份”（或者按“Ctrl+C”组合键）复制视频。根据需要将视频复制 7 次，如图 7-79 所示。

（10）在左上方的视频列表中选择第 1 个视频，单击“预览 / 截取原片”按钮，如图 7-80 所示。

（11）此时会弹出“预览 / 截取”对话框，拖动视频下方的滑块将其定位到要作为视频起点的位置，然后单击“开始时间”右侧的图标，获取开始时间，再用相同的方法获取结束时间，然后单击“确定”按钮，如图 7-81 所示。

（12）采用同样的方法对其他视频进行裁剪操作。若要为视频添加快进或慢动作效果，可以单击“魔术功能”，在“对视频施加的功能”下拉列表中选择所需的效果，此处选择“快进效果”，然后将“加速速率”设置为 2，单击“确定”按钮，如图 7-82 所示。

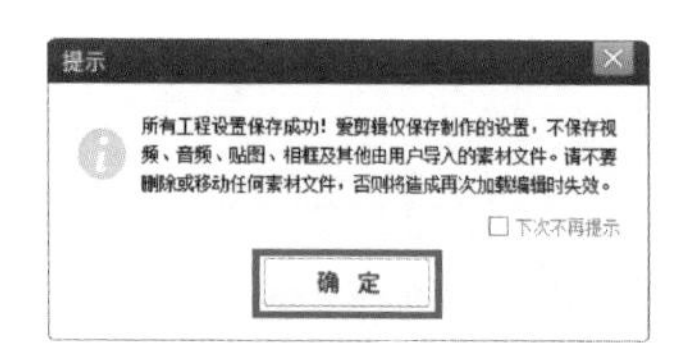

图7–77　在弹出的提示框中单击“确定”按钮

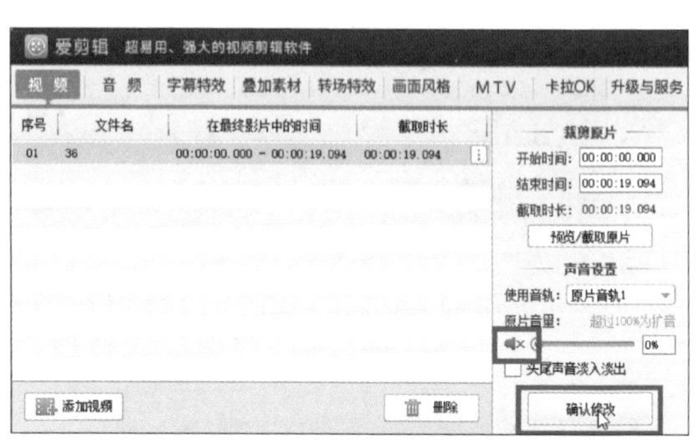

图7–78　将视频设置为静音

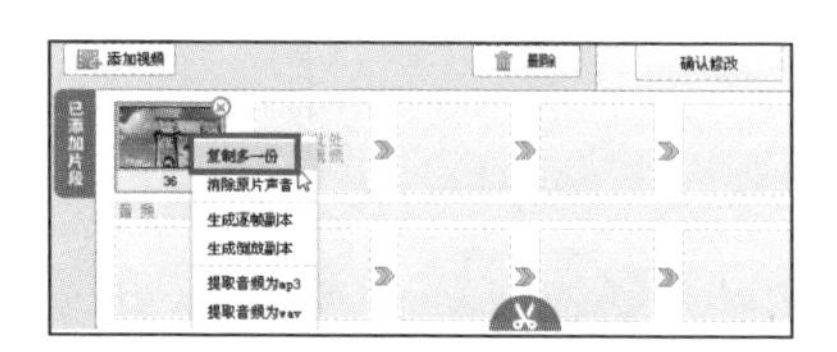

图7–79　复制视频

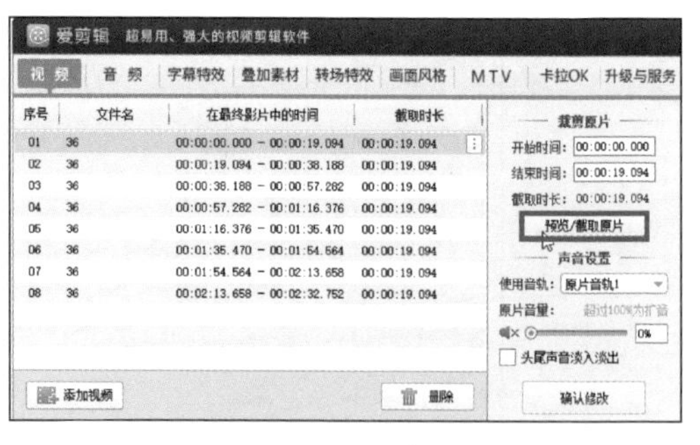

图7–80　单击“预览/截取原片”按钮

图7–81　获取开始时间和结束时间

图7–82　添加快进效果

（13）视频裁剪完毕后，可查看其在最终影片中的时间和截取时长，如图 7-83 所示。

图7–83 查看视频在最终影片中的时间和截取时长

7.4.2 添加字幕

使用爱剪辑为短视频添加字幕的具体操作步骤如下。

（1）在视频列表中选择第 1 个视频，单击“预览 / 截取原片”按钮，如图 7-84 所示。

（2）在弹出的“预览 / 截取”对话框中单击“魔术功能”，在“对视频施加的功能”下拉列表中选择“定格画面”，设置定格的时间点和定格时长，如分别设置为 7 秒和 9 秒，即可使视频在播放到第 7 秒时停留 9 秒以显示字幕动画，然后单击“确定”按钮，如图 7-85 所示。

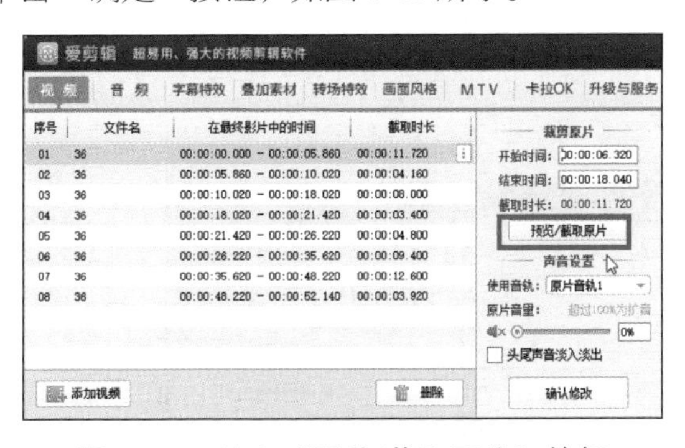

图7–84 单击“预览/截取原片”按钮

图7–85 设置“定格画面”参数

（3）单击“字幕特效”，然后双击视频预览画面，如图 7-86 所示。

（4）在弹出的对话框中输入文字“富丽堂皇”，单击“确定”按钮，如图 7-87 所示。

（5）选择字幕文字，在“字体设置”下方设置字体格式为“华文行楷”，如图 7-88 所示。

图7-86 单击“字幕特效”，双击视频预览画面

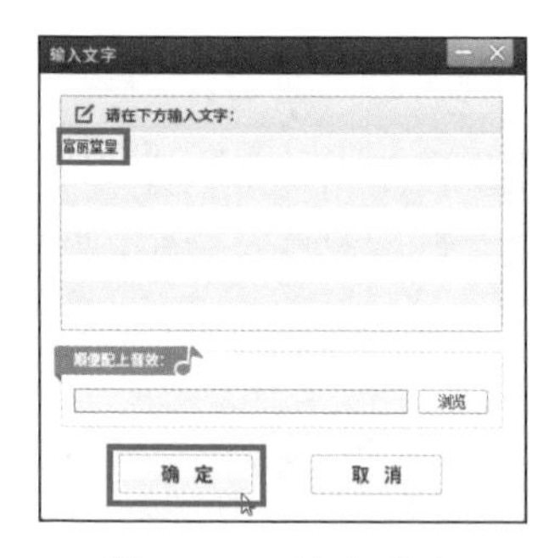

图7-87 输入文字

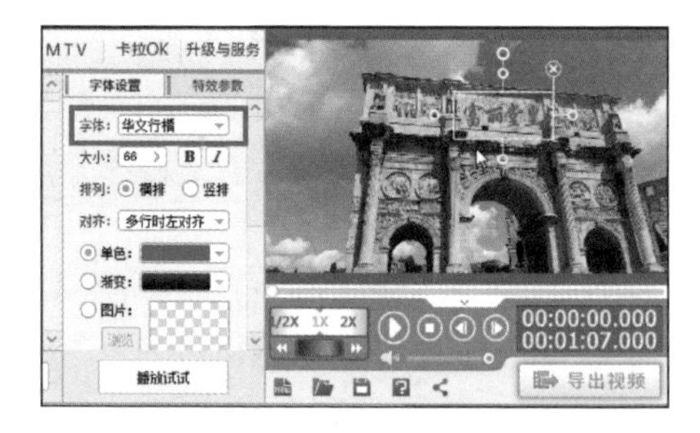

图7-88 设置字体格式

（6）在字幕特效列表中选择“缤纷秋叶”特效，单击“特效参数”设置特效的停留、消失时长；选中“逐字消失”复选框，单击“播放试试”按钮预览字幕效果，如图 7-89 所示。

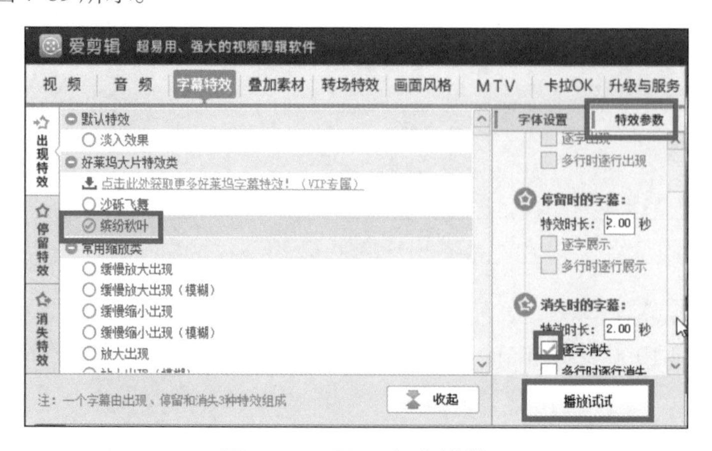

图7-89 设置字幕特效

（7）若要删除字幕特效，可单击右下方表示“删除”的图标，如图 7-90 所示。添加的字幕特效可以通过按“Ctrl+C”和“Ctrl+V”组合键进行复制和粘贴。

图7-90 删除字幕特效

7.4.3 添加画面风格

7-3 添加画面风格

通过巧妙地添加画面风格，短视频能够更具美感，产生更独特的视觉效果。添加画面风格的具体操作步骤如下。

（1）在视频列表中选择第 1 个视频，单击“画面风格”，在界面左侧单击“动景”，选择“烟花灿烂”效果，并单击“添加风格效果”，在弹出的列表中选择“为当前片段添加风格”，如图 7-91 所示。

（2）添加成功后，可在视频预览区域查看为视频添加的“烟花灿烂”效果，如图 7-92 所示。

图7-91 为第1个视频添加画面风格 图7-92 查看为视频添加的“烟花灿烂”效果

（3）在视频列表中选择第 4 个视频，单击“画面风格”，在界面左侧单击“滤镜”，选择“放射模糊”效果，并单击“添加风格效果”，在弹出的列表中选择“为当前片段添加风格”，如图 7-93 所示。

（4）在“效果设置”中滑动滑块以设置“强度”参数，单击“确认修改”按钮，在视频预览区域便可以预览效果，如图 7-94 所示。

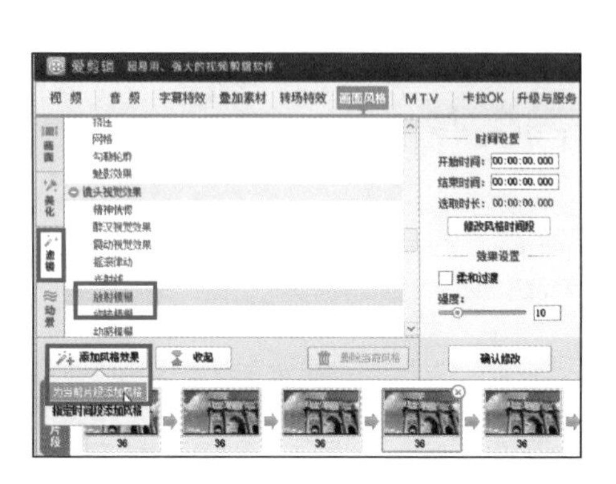

图7–93　为第4个视频添加画面风格

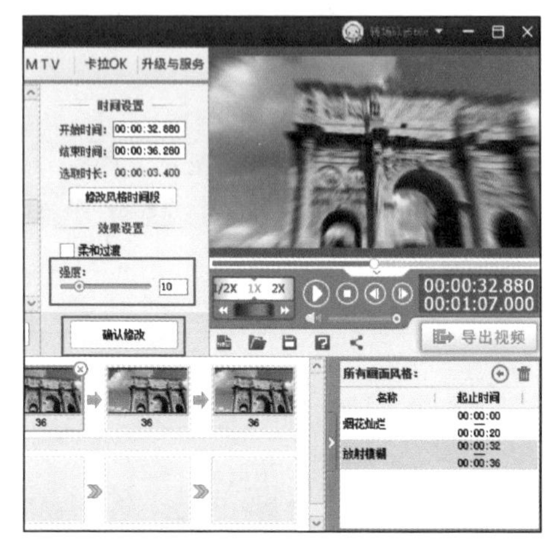

图7–94　设置“强度”参数并预览效果

（5）在左侧单击“画面”，可以为视频添加多种“位置调整”或“画面调整”效果，如图 7-95 所示。

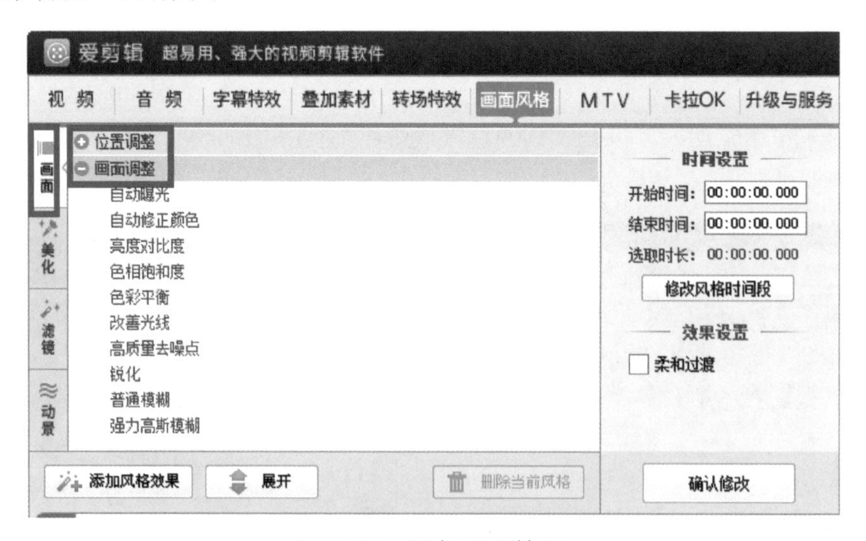

图7–95　添加画面效果

（6）在左侧单击“美化”，可以为视频添加多种“美颜”“人像调色”“画面色调”“胶片色调”等效果，如图 7-96 所示。

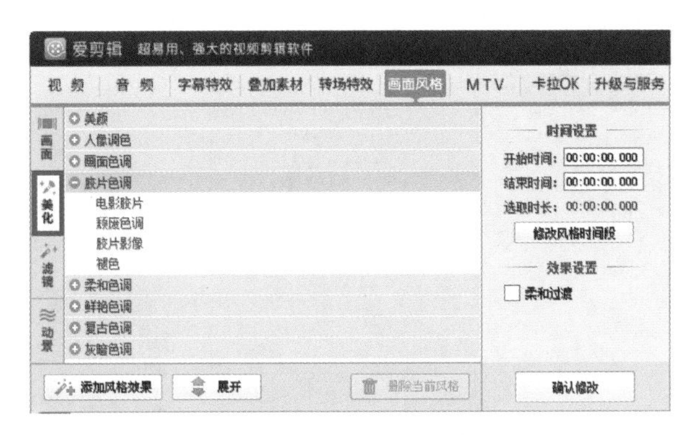

图7–96　添加美化效果

7.4.4　添加转场特效

恰到好处的转场特效能使不同场景的视频片段过渡得更自然，并使视频产生一些特殊的视觉效果。用爱剪辑为视频添加转场特效的具体操作步骤如下。

（1）在视频列表中选择第 2 个视频，单击“转场特效”，在“3D 或专业效果类”列表中双击“波浪特效”，在“转场设置”中将“转场特效时长”设置为 0.8 秒，单击“应用 / 修改”按钮，如图 7-97 所示。

（2）添加成功后，即可在视频预览区域中预览为视频添加的转场特效，如图 7-98 所示。

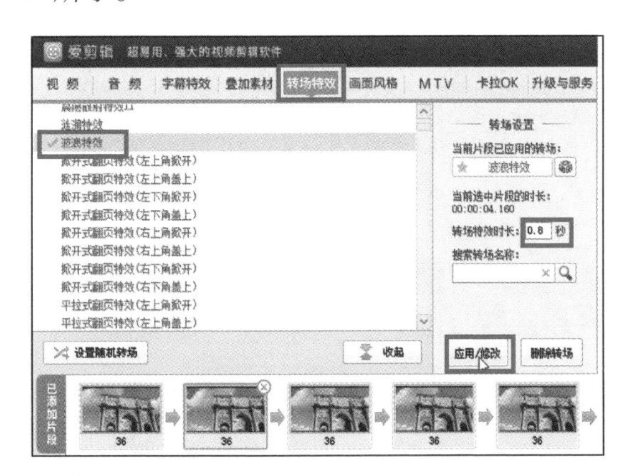

图7–97　添加“波浪特效”转场特效

图7–98　预览转场特效

（3）在视频列表中选择第 5 个视频，在“箭头效果类”列表中双击“箭头从左到右”，将“转场特效时长”设置为 2 秒，单击“应用 / 修改”按钮，如图 7-99 所示。

（4）添加成功后，即可在视频预览区域中预览为视频添加的转场特效，如图 7-100 所示。

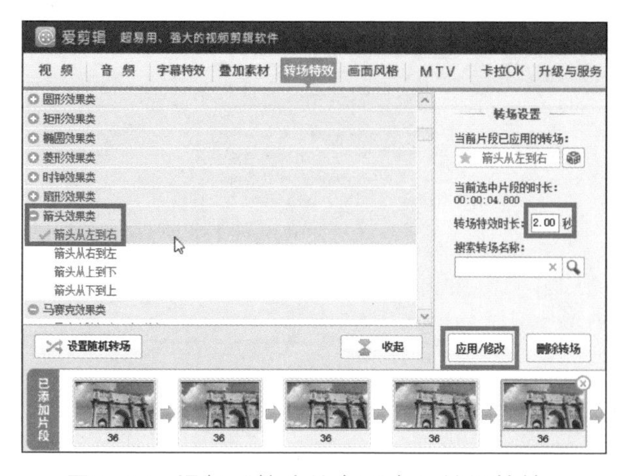

图7-99　添加“箭头从左到右”转场特效　　　图7-100　预览转场特效

（5）在视频列表中选择第6个视频，在“3D或专业效果类”列表中双击“多镜头特写特效”，将“转场特效时长”设置为2秒，单击“应用/修改”按钮，如图7-101所示。

（6）在视频列表中选择最后一个视频，在“淡入淡出效果类”列表中双击“透明式淡入淡出”，将“转场特效时长”设置为2秒，单击“应用/修改”按钮，如图7-102所示。

图7-101　添加“多镜头特写特效”转场特效

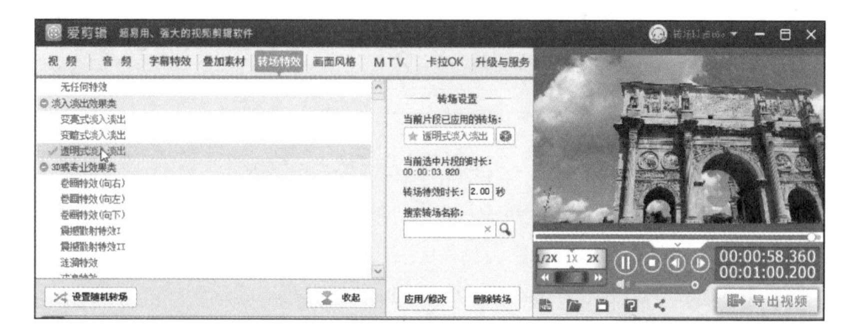

图7-102　添加“透明式淡入淡出”转场特效

7.5 使用Premiere编辑短视频

本节内容包括 Premiere 介绍、导入与修整短视频、调速设置、添加转场特效。

7.5.1 Premiere介绍

Premiere 由 Adobe 公司开发，是一款视频编辑爱好者和专业人士常用的视频编辑工具。利用 Premiere 编辑的画面质量比较好，有较好的兼容性，而且可以与 Adobe 公司推出的其他软件相互协作。Premiere 以其人性化的界面和通用工具，兼顾了广大创作者的不同需求，具有强大的生产能力、控制能力和灵活性，也因其强大的视频编辑功能而备受创作者的青睐。Premiere 界面如图 7-103 所示。

Premiere 可以提升创作者的创作能力和创作自由度，是易学、高效、精确的视频剪辑软件。Premiere 提供了专业的采集、剪辑、调色、美化音频、字幕添加、输出、DVD 刻录功能，并能和其他 Adobe 软件高效集成，使创作者足以完成在编辑与制作视频过程中遇到的大多数挑战，满足创建高质量作品的需求。

图7-103 Premiere界面

7.5.2 导入与修整短视频

7-4 导入与修整短视频

创作者可以用 Premiere 导入短视频并对短视频进行修整，如制作子剪辑、导出帧等，具体操作步骤如下。

（1）启动 Premiere，单击“新建”对话框中的“新建项目”，如图 7-104 所示。

（2）在弹出的“新建项目”对话框中单击“浏览”，选择新建的项目要保存的位置，再单击底部的“确定”按钮，如图 7-105 所示。

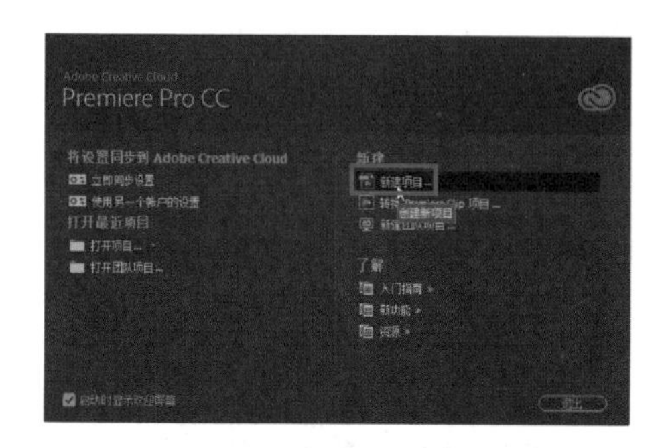

图7–104　单击“新建项目”

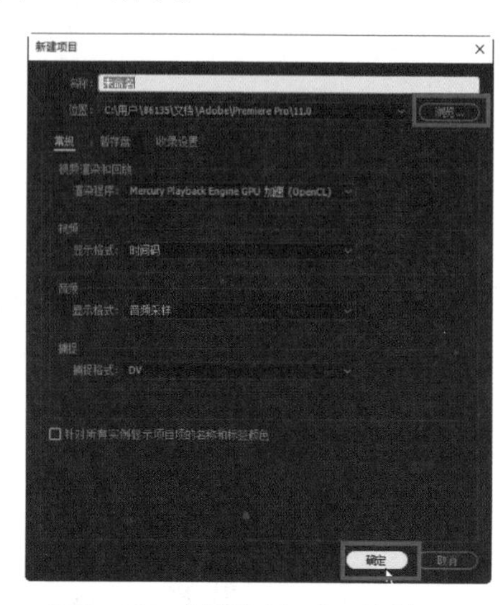

图7–105　“新建项目”对话框

（3）成功新建项目，如图 7-106 所示。

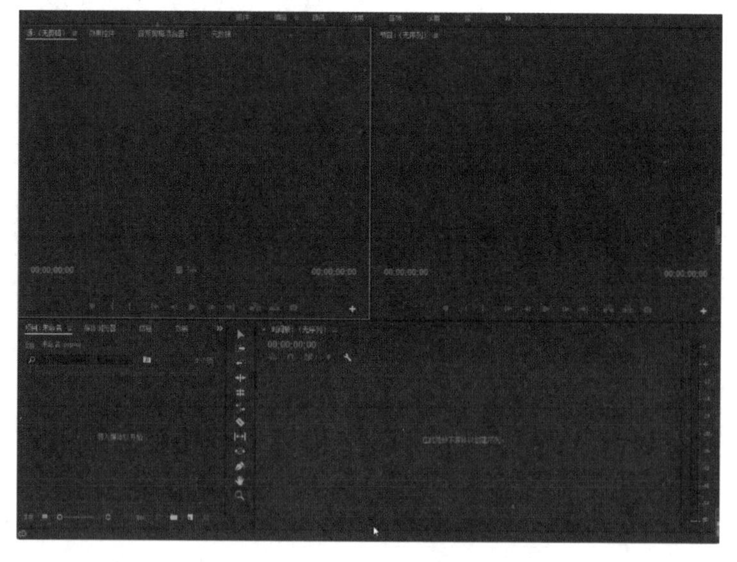

图7–106　成功新建项目

（4）新建“添加视频效果”项目文件，按“Ctrl+I”组合键打开“导入”对话框，选择要导入的视频后单击“打开”按钮，如图 7-107 所示。

（5）在项目面板中双击视频，如图 7-108 所示。

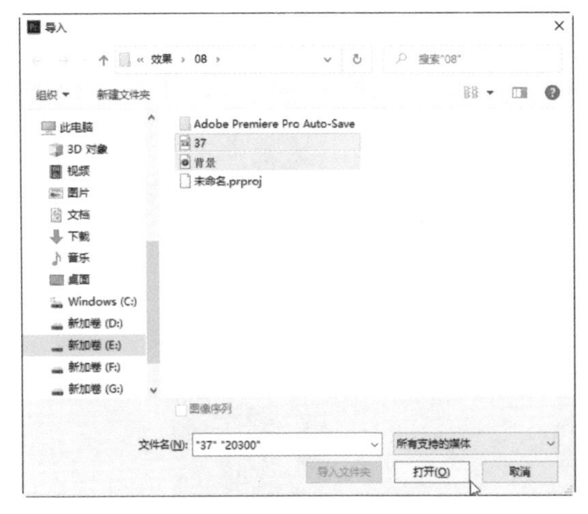

图7–107　导入视频

图7–108　在项目面板中双击视频

（6）在源监视器中即可显示视频，将时间轴上的滑块定位到入点位置，按住“I”键添加入点，如图 7-109 所示。

图7–109　添加入点

注

导入的素材有时候只需要用到其中的部分内容，这时可以通过设置入点和出点来实现对源素材的快速剪切，从而得到所需片段。

（7）将时间轴上的滑块定位到出点的位置，按“O”键添加出点。在视频画面上单击鼠标右键，在弹出的菜单中选择“制作子剪辑”，如图 7-110 所示。

图7-110　选择“制作子剪辑”

（8）在弹出的“制作子剪辑”对话框中输入子剪辑的名称，单击“确定”按钮，如图 7-111 所示。

图7-111　输入子剪辑的名称

（9）将创建的子剪辑拖入时间轴面板中，创建序列。在音频轨道上单击“静音轨道”，再单击轨道左侧的“切换轨道锁定”，如图 7-112 所示。

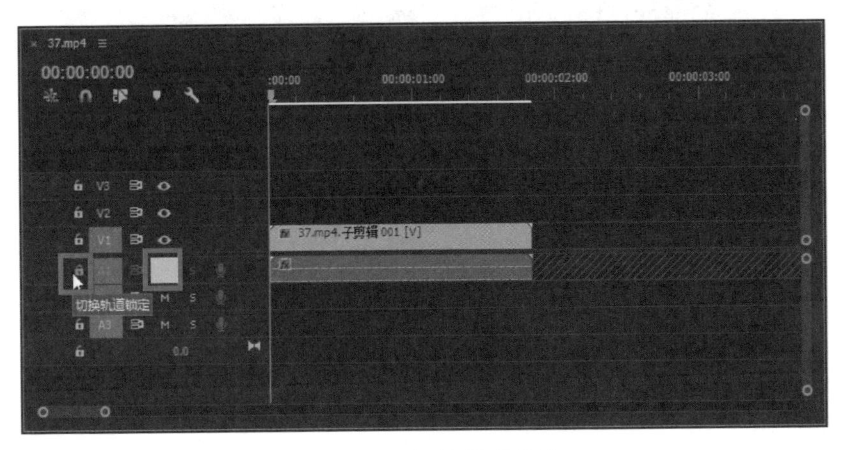

图7–112 切换轨道锁定

（10）按住“Alt”键并转动鼠标滚轮，调整时间轴的缩放级别，将时间线定位到视频的最后一帧，在节目监视器下方单击表示“导出帧”的图标，如图 7-113 所示。

（11）在弹出的“导出帧”对话框中选择格式，单击“确定”按钮，如图 7-114 所示。

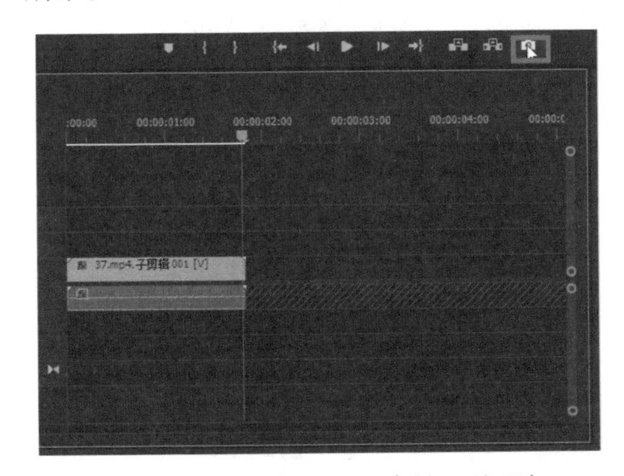

图7–113 单击表示“导出帧”的图标

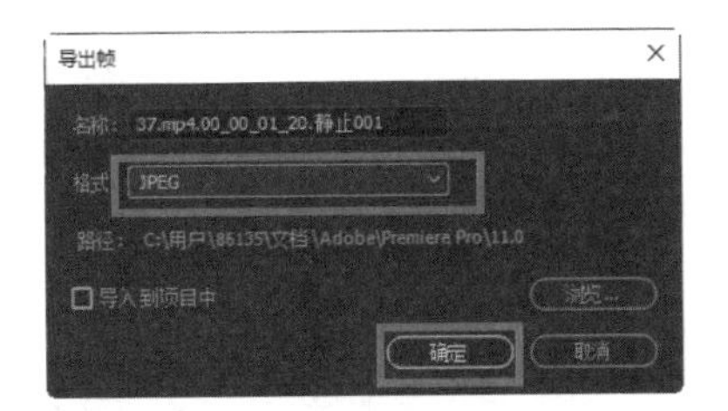

图7–114 “导出帧”对话框

7.5.3 调速设置

在短视频制作中，对短视频进行加速或减速设置是常见的操作。在 Premiere 中进行调速设置十分简单，具体操作步骤如下。

（1）在时间轴面板中添加视频，按“R”键调用比例拉伸工具，对视频条进行拉伸，即可改变视频的播放速度，如图 7-115 所示。

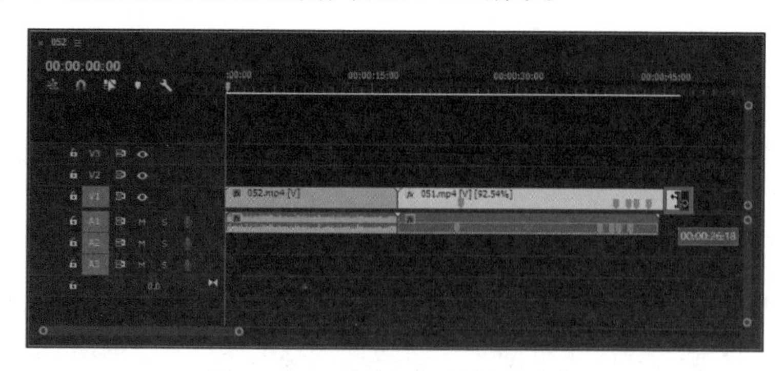

图7–115　改变视频的播放速度

（2）在视频剪辑左上方的“fx”图标处单击鼠标右键，在弹出的菜单中依次选择“时间重映射”“速度”，如图 7-116 所示。

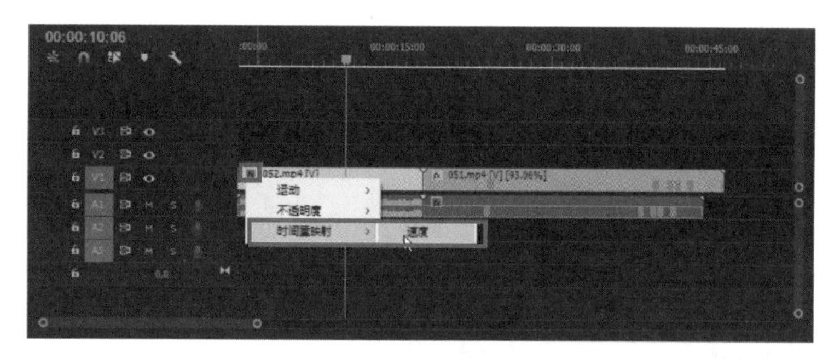

图7–116　依次选择“时间重映射”“速度”

（3）在关键帧线上按住“Ctrl”键的同时单击鼠标左键，即可添加关键帧，如图 7-117 所示。

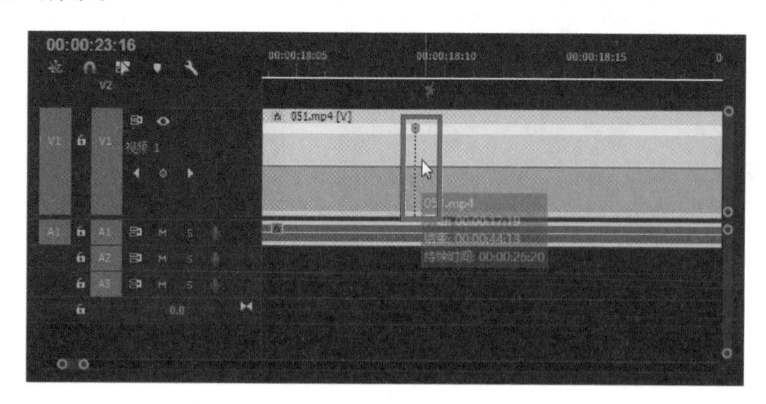

图7–117　添加关键帧

（4）向上或向下拖动关键帧线，即可进行加速或减速的调速设置，如图 7-118 所示。

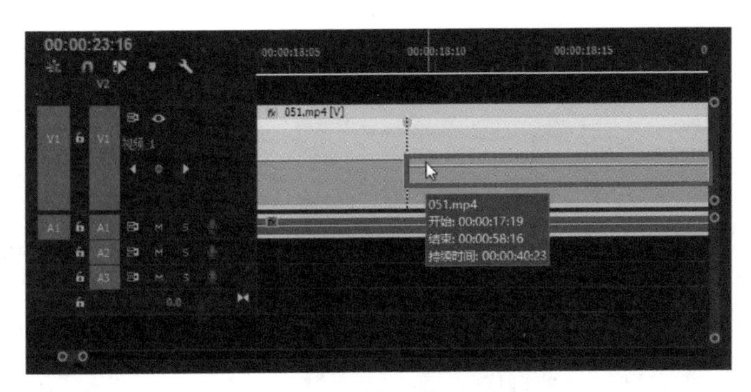

图7-118 调速设置

（5）继续添加关键帧并进行调速设置。按住“Alt”键的同时拖动关键帧，可以移动关键帧的位置，如图7-119所示。采用同样的方法，在序列中继续添加其他视频，并进行调速设置。

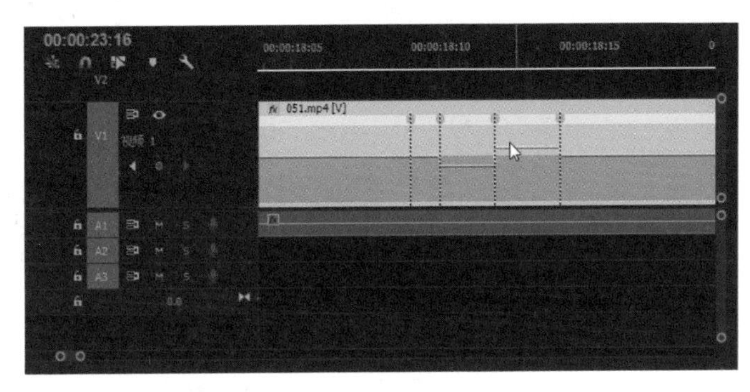

图7-119 移动关键帧的位置

7.5.4 添加转场特效

7-5 添加转场特效

用Premiere可以为视频剪接点添加视频过渡效果从而实现转场，还可以通过效果控件面板自定义转场特效，或者安装外部的视频转场插件，以增加更多的转场特效，具体操作步骤如下。

（1）启动Premiere，依次单击菜单栏中的“编辑”“首选项”“常规”，在弹出的“首选项”对话框中将“视频过渡默认持续时间”设置为16帧，单击“确定”按钮，如图7-120所示。

（2）导入两个视频，打开“效果”面板，在“视频过渡”下选择想要的转场特效，此处选择“擦除”下面的“棋盘擦除”，如图7-121所示。

（3）按住“棋盘擦除”转场特效，将其拖至两个视频中间的位置，如图7-122所示。

（4）单击表示“播放”的图标即可查看转场效果，如图 7-123 所示。

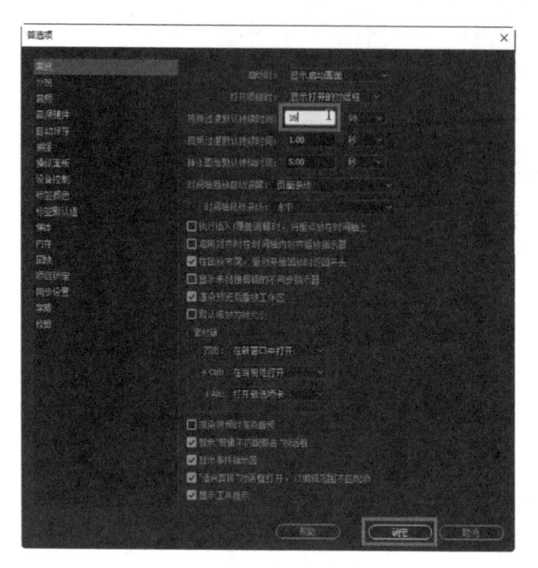

图7-120 “首选项”对话框

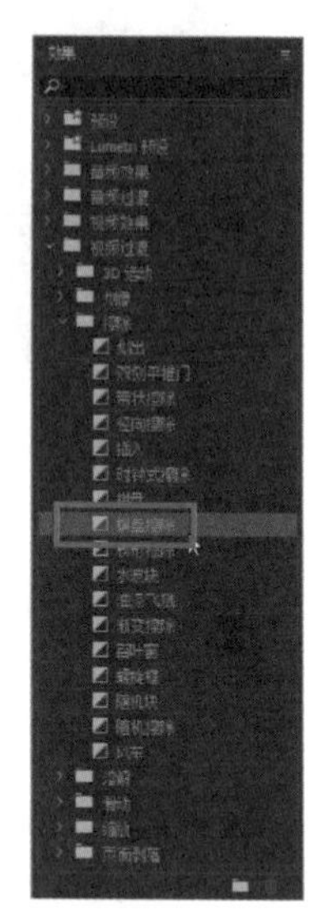

图7-121 选择“棋盘擦除”

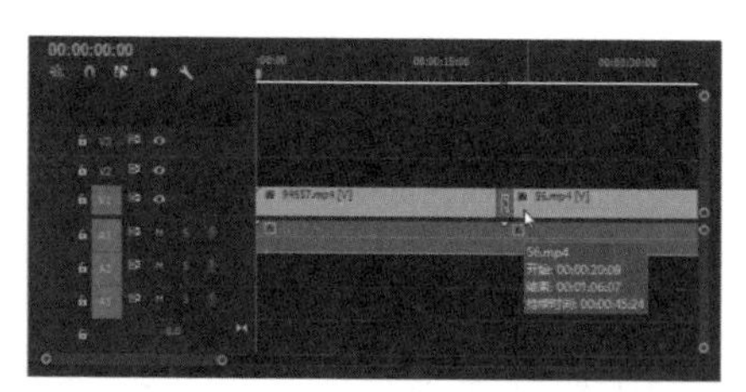

图7-122 添加转场特效

图7-123 查看转场效果

课后习题

一、填空题

1. __________是一个功能强大的工具，它不仅技术门槛低，而且可以在线对图片、视频、实时摄像头的画面进行特效处理，还可以叠加多种特效，效果突出。

2. ______是一款功能强大、操作简单，同时支持在线剪辑视频的计算机端视频剪辑软件。

3. ________具有图像抓取和编辑功能，支持导出多种常见的视频格式，还可以直接将视频制作成 DVD 和 VCD 光盘。

4. 恰到好处的______特效能使不同场景的视频片段过渡得更自然，并使视频产生一些特殊的视觉效果。

二、思考题

1. 如何使用 Photoshop 裁剪图片？
2. 如何使用快剪辑导入视频并添加音乐？
3. 如何使用会声会影导入并裁剪视频？
4. 如何使用会声会影为视频添加字幕？

三、实训操作题

使用快剪辑为视频添加字幕，具体任务如下。

1. 下载并安装快剪辑。
2. 练习使用各功能。
3. 为视频添加字幕（可参考图 7-124）。

图7-124 为视频添加字幕

参考文献

[1] 王子超，吴炜. 抖音短视频运营全攻略：内容创作 + 特效拍摄 + 后期制作 + 吸粉引流 + 流量变现 [M]. 北京：人民邮电出版社，2020.

[2] 吴航行，李华. 短视频编辑与制作（视频指导版）[M]. 北京：人民邮电出版社，2019.